给孩子讲量子力学

增订版

李淼 著

湖南科学技术出版社　博集天卷

新版序

写作和阅读是我最大的爱好，而且我觉得，它们也应该成为所有人的爱好。六年前，一个偶然的机会，我第一次给孩子讲物理学科普，而且做得很成功。应该说，这是我第一次实践我新的科普理念：将物理学的关键知识点用讲故事的方式传递给受众。第一次给孩子讲课很成功，于是就有了将讲课内容转换成文字，让更多的孩子受益的机会。今天，我正在尝试一种新的科普方式，回答一些问题，每一个问题的回答都配一张图，但科普的理念还是延续老的，除了增加了一点趣味性。

在《给孩子讲量子力学》之后，这个系列又出了四本书，格式都是一样的，每本书有四讲，每一讲由正文和延伸阅读构成。很快，五年过去了，尽管量子力学的知识并没有什么更新，但原来的四讲有必要扩展，于是我增加了第五讲，这一讲其实也是量子物理很重要的领域，是多数量子物理学家正在从事研究的领域：宏观量子现象。宏观量子现象由三种被广泛研究和应用的物理奇观构成：激光、超导和超流。我们在第三讲里已经讲过了激光，所以这新增的一讲主要讲超导和超流。

在超导和超流之外，我又特别提到了目前最热门的暗物质的候选对象：轴子。轴子是一种极有可能存在的基本粒子，和其他基本粒子相比，它很轻，因此如果这种粒子构成了宇宙中无处不在的暗物质，那么它必定也处于一种宏观量子态。我觉得，人类可能在未来十年中观测到轴子暗物质，因此轴子会是新的重要科普内容。

未来，这个系列的其他书也会出新版，同样，新版都会有新的面貌。

李淼

目录
CONTENTS

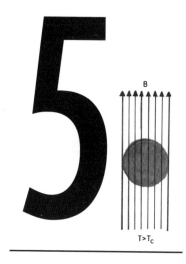

B

$T > T_c$

1

1+1=2.

量子世界是什么样的

第1讲

很多小朋友应该都看过脸书（Facebook）创始人扎克伯格给他的女儿讲量子力学的那张照片。扎克伯格在清华大学经济管理学院做演讲时，谈到学习量子力学对他的思维方式产生的巨大帮助。因此，清华经济管理学院当时的院长钱颖一当场表示，要把量子力学列入他们学院的正式课程。

可能有些小朋友会好奇了：什么是量子力学呢？一个由量子力学主宰的世界，到底是什么样的？下面，我就带领大家开启一场量子世界之旅。

在遨游神奇的量子世界之前，我要先回顾一下经典世界，也就是我们日常生活的世界。在20世纪以前，我们对经典世界的认识主要来自牛顿爵士，他是人类历史上最著名的两位科学家之一。

牛顿的早年生活相当悲惨。他出生在英国的一个小村庄。在他出生前3个月，他爸爸就去世了。3岁那年，他妈妈又结了婚，牛顿被交给外婆抚养。牛顿怨恨妈妈遗弃了自己，甚至曾经想放火烧掉继父家的房子。直到他10

● 牛顿 ●

岁那年继父也过世了，妈妈才搬回来与他同住。16 岁那年，妈妈让他辍学，好帮家里干农活。幸好中学校长特别爱才，专门跑到牛顿家去游说，说像他这么聪明的孩子，不读书实在太可惜。再加上他的舅舅也表示会在经济上帮忙，牛顿才重返校园。我们应该感谢这位了不起的中学校长；要是没

有他，牛顿爵士就得一辈子修理地球①了。

牛顿18岁那年考上了剑桥大学三一学院。这是全世界最有名的学院之一。小朋友们应该知道，世界上有一个很了不起的大奖，叫诺贝尔奖，它包括物理、化学、生理学或医学、文学、和平和经济学六大奖项。到本书初次出版时为止，剑桥大学三一学院的师生已经拿过32次诺贝尔奖。要知道，整个亚洲，48个国家，40多亿人口，加起来也只拿过不到30次诺贝尔奖。不过，拿了这么多次诺贝尔奖并不是三一学院闻名遐迩的主要原因。让这个学院名动天下的真正原因是，这里出了一个牛顿。

牛顿22岁从剑桥大学毕业，那年英国爆发了一场大瘟疫，牛顿就回到自己家的农庄避难。在避难的那两年，他做出了三项影响后世数百年的伟大发现，分别是微积分、光谱学和万有引力。牛顿之所以能创造这样的奇迹，一个很重要的原因就是他特别用功。比如，有一次他请朋友到家里吃饭，朋友来了以后，却发现牛顿正在书房里废寝忘食地工作。朋友左等右等也不见他出来，就自己吃掉了一只鸡，留下一堆骨头后离开了。牛顿从书房出来，看到盘中的骨头后恍然大悟地说："我还以为自己没有吃饭，原来

---

① 戏指在农村种地。生于英国农民家庭的牛顿曾在辍学时帮家里干农活。

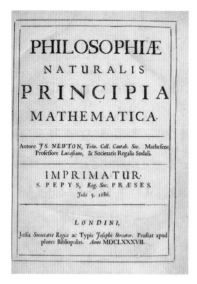

●《自然哲学的数学原理》●

早就吃过了。"说完,他又回书房工作去了。

两年后,牛顿重返剑桥,并于26岁时当上了第二任卢卡斯数学教授[1]。此后,牛顿的人生一直顺风顺水:29岁被选为英国皇家学会的院士,46岁当选英国国会议员,56岁当上英国皇家造币厂的厂长,60岁成为英国皇家学会的会长。牛顿是历史上第一个被封为爵士的科学家,也是有史以来第一个享受国葬待遇的科学家。在他死后,一位诗人专门写了一首歌颂他的诗,诗里写道:"自然规律隐藏在黑暗之中。上帝说'让牛顿去吧',然后世界就有了光明。"

为什么牛顿爵士会获得如此高的声誉?因为他写了一部非常伟大的学术著作,叫《自然哲学的数学原理》。左上图就是这部著作第一次出版时的样子。

---

[1] 剑桥大学的荣誉职位,曾授予牛顿、霍金等。

在这部著作里，牛顿爵士建立了一门全新的学科，叫经典力学，也叫牛顿力学。其核心是牛顿三定律和万有引力定律。

牛顿第一定律说的是，如果没有外力，物体会一直保持它原有的运动状态。小朋友们在日常生活中经常会有这样的体验：你在家里打游戏打得正高兴，妈妈突然让你到外面去做运动，你肯定会觉得很烦；又如，你在外面玩得正开心，妈妈突然叫你回家吃饭，你肯定也会不愿意。与之类似，一个静止的物体，你要是不去推它，它就会一直不动；而一个在真空中运动的物体，你要是不去拦住它，它就不会停下来。在物理学上，我们把物体想要保持原有运动状态的特性叫作惯性，所以牛顿第一定律也叫惯性定律。

牛顿第二定律说的是，力能改变物体运动的速度。我们可以想象，一个静止的物体，你推它一下，它就会动起来；而一个运动的物体，你把它抓住，它就会停下来。还有一点很关键：质量更大的物体，要改变其运动状态就得花更大的力气。举个例子：有一辆玩具小汽车朝你开过来，要想让它停下来，你只需伸手抓住它就可以了。但如果是一辆真正的汽车朝你开过来，要想使它停下来，一般人肯定做不到，得超人这样的超级英雄才行。我们可以将牛顿第二定律看成一个懒人的定律：越懒的人，他的惰性就越大，改变起来也就越难。同样，质量越大的物体，惯性就越大，改变起来也就越难。

牛顿第三定律是说，如果你对物体施加一个作用力，就会受到物体给你的一个大小相等、方向相反的反作用力。举个例子，很多小朋友，特别是男孩子，都喜欢拍皮球。当你拍皮球的时候你会感到手疼。这是因为在拍球的时候，你的手对皮球施加了一个力，而皮球反过来也会给你的手一个大小相等的反作用力。你拍得越用力，手就会越疼，这是因为皮球给手的反作用力也相应变大了。

除了这三条运动定律，牛顿爵士还发现了一条关于力的新定律，叫万有引力定律。它说的是，任何两个有质量的物体之间都存在着一种彼此吸引的力，其大小与两个物体质量的乘积成正比，而与两个物体间距离的平方成反比。这种力普遍存在于整个宇宙。比如，让成熟的苹果从树上掉下来的就是这种力。再比如，让月球绕着地球转，以及让各大行星绕着太阳转的也是这种力。这种无处不在的吸引力被称为万有引力。

这几条定律都很简单，对不对？但你可不要小看这几条简单的定律。用它们，我们可以预言太阳何时会从东方升起，也可以预言月亮什么时候盈，什么时候缺。而且这些预言能精确到分、秒，甚至更短的时间。在宏观世界，也就是我们日常生活的世界中，大到日月星辰，中到江河湖海，小到柴米油盐，全都可以用牛顿爵士发现的这几条定律来精确地描述。

● 拉普拉斯 ●

由于牛顿力学的巨大成功，20 世纪前的科学家普遍相信，牛顿三定律和万有引力定律就是主宰整个宇宙的终极真理。其中的代表人物就是法国著名数学家、物理学家拉普拉斯。

拉普拉斯在 18 岁那年带着一封推荐信去了巴黎，想要见著名科学家达朗贝尔一面。达朗贝尔把他当成一个小毛孩子，让他吃了闭门羹。拉普拉斯就把一篇自己写的论文寄给了达朗贝尔。达朗贝尔看了论文后态度发生了 180° 的大转弯，不但马上见了拉普拉斯，还主动表示要当他的教父，后来甚至把他推荐到一个军事学校去教书。所以，当你足够优秀的时候，最好的推荐人其实就是你自己。

在那个军事学校里，拉普拉斯和一个矮个子学生结下了不解之缘，他就是日后威震欧洲的拿破仑将军。随着拿破仑一步步地登上法兰西权力之巅，拉普拉斯也跟着飞黄腾达起来。拿破仑称帝的时候，他甚至被委任为法国的内政部长，相当于中国的公安部部长。可惜，拉普拉斯虽然搞科研是一把好手，搞行政却是一个十足的饭桶，只在内政部长的位子上干了短短六个星期，就被忍无可忍的拿破仑免了职。

拉普拉斯是牛顿力学的忠实信徒。他曾说过，我们可以把宇宙现在的状态视为其过去的果以及未来的因。如果一个智者能知道某一时刻所有的力和所有物体的运动状态，那么未来就会像过去一样出现在他的面前。这个拉普拉斯口中全知全能的智者，后来被人称为"拉普拉斯妖"。而这种认为牛顿力学强大到足以决定未来的观点，被称为决定论，在 20 世纪以前一直是学术界的主流观点。

关于决定论的盛行，最好的例子就是拉普拉斯本人的故事。他用牛顿力学计算了太阳系中所有行星的运动，然后写成一本叫《天体力学》的书，献给了登基的拿破仑。拿破仑看了书后问他："你这本书讲的全是天上的事，为什么一个字都不提上帝？"拉普拉斯回答："陛下，在我的理论里，不需要假设上帝的存在。"

● 玻耳兹曼 ●

不过，到了 20 世纪以后，科学家们发现，牛顿力学其实只适用于我们日常生活的宏观世界，放到尺度特别小的微观世界就行不通了。

小朋友们来跟我做一个简单的思想实验。一块石头，用锤子敲碎后会变成小石块；这个小石块也可以被敲碎，变成更小的石块。就这么一直敲下去，最后会敲出一个最小的石块，之后无论你怎么敲，都无法再分割它了。这个最小的"石块"就被称为原子。原子的概念，古希腊人早在 2000 多年前就已经提出了。不过古希腊人所说的原子，完全是一种哲学上的思辨。

最早从科学上阐述原子概念的人，是著名的奥地利物理学家玻耳兹曼。

讲一个关于玻耳兹曼的趣事。玻耳兹曼是一个很奇怪的老师，他上课时不喜欢往黑板上写东西，而是在讲台上一个人哇啦哇啦地讲个不停。有学生向他抱怨说，老师，你以后得在黑板上写公式，光讲不写我们都记不住啊。玻耳兹曼一口答应了。但到了第二天，他又在课堂上滔滔不绝地讲，最后还总结道：大家看这个问题，就像一加一等于二那么简单。然后他突然想起自己上次对学生的承诺，于是拿起粉笔，在黑板上工工整整地写上了"1+1=2"。

玻耳兹曼一直相信世界是由原子构成的，并以此为基础创立了一门叫统计力学的学科。不过在那个年代，大家普遍不相信原子论，所以，在学术上，玻耳兹曼有一大批反对者。这些人常年攻击原子论，甚至直接攻击玻耳兹曼本人，这让他感到很痛苦。玻耳兹曼曾感慨他是"一个软弱无力地与时代潮流抗争的人"。但玻耳兹曼并非孤军奋战，有一个年轻的德国科学家也站在他这边。不过玻耳兹曼心高气傲，觉得支持他的德国人是个无名小卒，根本看不上眼。然而，这个德国科学家不是别人，正是日后被称为"量子论之父"的普朗克。

现在的科学研究已经证明，原子的确是存在的。但它的尺寸非常小，只有1米的100亿分之一。它到底有多小呢？假如地球上的所有人都变得和原子一样小，把他们一个个地摞起来，最后还不如一个身高1米的小朋友高。不过原子也不是最基本的粒子。在原子内部的中心，有一个带正电的原子核，它的大小只有原子的10万分之一；而在原子核外面，还有带负电的电子，它们的尺寸更小。

我们已经说过，世界上的物质都是由原子构成的。除了原子外，还有一种常见的东西，那就是光。科学家早在19世纪就已经发现，光其实是一种以光速传播的波。什么是波呢？波是某种东西在传播过程中振动的现象。比如，水波是由于水的振动而产生的。再比如，声波是由于空气的振动而

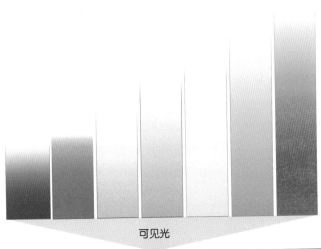

可见光

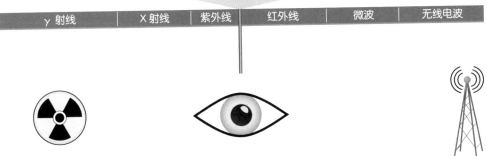

| γ射线 | | X射线 | 紫外线 | 红外线 | 微波 | 无线电波 |

产生的。波也有能量：其频率越高，或者说波长越短，波的能量越高。

在上面这张图中，中间有颜色的部分是我们的眼睛可以看见的光，叫作可见光。雨后的天空经常会出现美丽的彩虹，它有赤橙黄绿蓝靛紫七种不同的颜色。可见光的频率范围，就介于红色光和紫色光之间。其中红色光的频率最低，波长最长，能量也最低；紫色光频率最高，波长最短，能量也最高。比红色光能量更低的是红外线，利用红外线可以制成夜视仪、遥控电视机、空调。比红外线能量更低的是微波，它可以用来加热物体。我们家里用的微波炉，就是利用了微波能加热物体的特性。还有比微波能量更低的，那就是无线电。我们的电视、广播、手机和无线网络信号，都是用无线电来传输的。

刚才说的都是能量比较低的光，下面来说说能量高的光。比紫色光能量更高的是紫外线。如果我们长时间在外边晒太阳的话，皮肤就会被晒伤，而晒伤我们的就是紫外线。比紫外线能量更高的是 X 射线。X 射线的穿透本领很强，我们到医院体检拍

● 紫外线 ●

● X 射线 ●

X 光片时，用的就是 X 射线。比 X 射线能量更高的是 γ 射线。γ 射线的

能量非常高，所以可以当成一种特殊的手术刀，来给病人做手术。

我们刚才说过，科学家早在 19 世纪就已经发现，光是一种以光速传播

• γ 射线 •

的波。但在 1900 年，我们前面提到的普朗克有了一个惊人的发现：物体热辐射所发出的光，其能量并不连续，而是一份份的，大小等于光的频率乘以一个很小的常数，叫普朗克常数。我们所说的"量子化"，其实就是指这种物理量本身不连续，总是一份份分布的特性。换言之，在量子世界里，物理量总是存在一个最小值，无法像在经典世界中那样，直接趋于零。这

个伟大的发现开启了通往量子世界
的大门，普朗克因此获得了 1918
年的诺贝尔物理学奖。

有一个关于普朗克的趣事。普
朗克获奖以后，经常被邀请到各个
大学去做演讲。由于报告内容都是
一样的，久而久之，他的司机也能
讲出来。有一次，司机和普朗克说，
你的报告我已经倒背如流了，干脆
下次演讲让我去吧。普朗克答应了。
于是下一次演讲时，司机就顶替普

● 普朗克 ●

朗克上台做报告，并且很顺利地完成了。但在接下来的观众提问环节中，
有个观众问了个技术问题，直接把司机给难住了。幸好司机反应很快，回
答道："这个问题很简单，连我在台下的司机都能回答，让他来和你讲吧。"
然后坐在台下的普朗克就上台救了场。

1905 年，大物理学家爱因斯坦在人类理解量子世界的道路上又向前迈
进了一步。他指出，光其实也是一种粒子，叫作光子。

我们给大家讲过，人类历史上有两位最著名的科学家。其中一位是牛顿爵士，另一位就是爱因斯坦。与牛顿爵士类似，爱因斯坦的早年生活也很不顺。爱因斯坦出生在德国的一个犹太家庭，他为了不在德国军队服役，跑到瑞士去考大学。结果第一年高考时落了榜，到第二年他才考上苏黎世理工学院。爱因斯坦比较恃才傲物，在大学期间经常不去听课。更糟糕的是，那时的大学课堂不像现在，讲大课的时候，一个教室里有几十甚至上百

● 爱因斯坦 ●

个学生，所以你不去，老师可能也发现不了。但在爱因斯坦上大学的时候，一个教室里只有 10 个学生，你不去，老师一抓一个准。由于爱因斯坦经常不去上课，他的老师们都对他很不满。当时他们物理系的系主任韦伯，就曾批评爱因斯坦不喜欢听从他人的意见。这导致了一个很严重的后果，就

是爱因斯坦毕业的时候，没有在大学里找到工作。

大学毕业后的两年，爱因斯坦过得相当艰难。他曾经在中学教过课，给小孩子做过家教，甚至还当过一段时间的无业游民。后来靠一个大学好友的父亲帮忙，才在伯尔尼专利局找到了一份稳定的工作。这份工作薪水不高，但比较空闲，这样爱因斯坦就有时间从事他心爱的物理学研究了。到了1905年，原本默默无闻的爱因斯坦突然进入人们的视野，他在一年之内做出了三项震惊世界的重大发现，分别是狭义相对论、布朗运动和光电效应。由于爱因斯坦的神奇表现，后来人们把1905年称为"爱因斯坦奇迹年"。在爱因斯坦的三大发现中，光电效应是人类在理解量子世界的道路上迈出的第二步，爱因斯坦也因此获得了1921年的诺贝尔物理学奖。

我们来讲讲什么是光电效应。物理学家做实验时发现了一个现象：用光照射金属就可以从其内部打出电子。这并不奇怪。光可以把自身的能量传递给电子，使它获得足够的能量，从而逃脱金属原子对它的束缚。但奇怪的是，这种现象的发生取决于光的频率。在一定频率之上的光，只要一照就可以从金属中打出电子；而在此频率之下的光，无论照射多长时间也无法把电子打出来。这就让人很难理解。因为在经典力学中，能量是连续的。比如，要把一个大水缸装满水，你用人脸盆一盆一盆地往里倒水，可以把

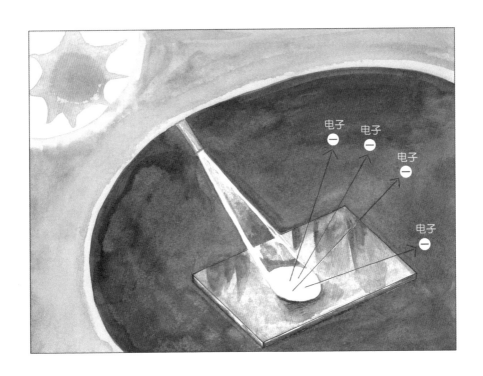

水缸装满；你用小水杯一杯一杯地往里倒水，也可以把水缸装满。但现在
光电效应实验告诉我们，你用大脸盆可以把水缸装满，但是用小水杯就不行。

　　这是怎么回事呢？爱因斯坦说，这是由于光本身并不连续，而是由一
个个叫光子的微粒组成的。光子的能量取决于光的频率，光的频率越高，

光子的能量就越大。为什么能用光子解释光电效应呢？很简单。如果一个光子的能量比较大，它传递给电子的能量就比较大，只要这个能量大到足以挣脱金属原子的束缚，电子就会立刻从金属里跑出来。但如果光子的能量比较小，它传递给电子的能量也比较小，如果这个能量一直低于逃出去所需要的最低能量，电子就会一直被束缚在金属内部。这有点像高考招生。只要达到中山大学的录取分数线，中大立刻

● 玻尔 ●

就会招你；否则，即使考到天荒地老，中大也没法要你。

我们已经知道，光是量子的。可能有小朋友会问了，那你前面说的原子、原子核和电子，到底是经典的还是量子的？答案是它们都是量子的。最早指出这一点的人，是著名的丹麦物理学家玻尔。

玻尔是一个伟大的科学家，同时也是个非常有人格魅力的领导者。他

在母校哥本哈根大学创建了著名的玻尔研究所，曾经有 32 位诺贝尔奖获得者在这里工作、学习和交流，这让玻尔研究所在二十世纪二三十年代成了国际物理学研究的圣地。有一次，玻尔去苏联科学院访问。有人问他："请问您用了什么方法，把那么多有才华的青年都团结在了自己周围？"玻尔笑着回答："因为我不怕告诉年轻人我是傻瓜。"结果翻译一紧张，把这句话译成了"因为我不怕告诉年轻人他们是傻瓜"，顿时引起了哄堂大笑。因为苏联物理学的泰斗朗道，就喜欢这么对待学生。

玻尔提出了一个能与实验高度吻合的氢原子模型。在这个模型中，电子的轨道是量子化的。换句话说，电子只能在一些特定的轨道上运动，而且这些轨道都是分离的。打个比方，这些电子的轨道有点像学校操场上的跑道，而电子就像参加学校运动会的短跑运动员，只能在自己的跑道上跑步。这个氢原子模型，我们在第二讲中会详细介绍。这项工作使玻尔获得了 1922 年的诺贝尔物理学奖。

现在大家已经知道，所有微观世界中的粒子，包括原子、原子核、电子及光子，全都是量子的，而且它们不符合牛顿力学的规律。那么问题来了，它们到底符合什么规律呢？答案是不确定性原理。这是由德国物理学家海森堡在 1927 年发现的。他是 1932 年的诺贝尔物理学奖获得者。

海森堡是在德国慕尼黑大学读的博士，博士生导师是索末菲教授。这个人可能是世界上最厉害的博士生导师了。为什么这么说呢？因为在他的学生里，先后有7个人获得了诺贝尔奖，此纪录至今无人能破。在这7个获得诺奖的学生中，有一个人成绩差到当年几乎毕不了业，这个人就是海森堡。

慕尼黑大学当年有两位大牌的物理学家，一位是搞理论研究的索末菲教授，另一位是搞实验研究的维恩教授。博士答辩的时候，这两

● 海森堡 ●

位教授会分别给学生打分，分数从高到低分为 A、B、C、D、F 五档；只要平均成绩能达到 C，就可以毕业。在海森堡进行答辩的时候，维恩教授问他显微镜的分辨率该怎么算。这个问题对一个名牌大学的博士生来说，应该是很简单的，但海森堡当时被这个问题给问住了。维恩教授看海森堡

连这么简单的问题都不会，一怒之下就给了他一个 F。幸好索末菲教授护着自己的学生，给了他一个 A，这才让海森堡以平均成绩 C 勉强毕业。据说这个成绩在慕尼黑大学的博士毕业生里排在倒数第二位。但有趣的是，后来海森堡正是通过计算让他栽过跟头的显微镜分辨率，才发现量子力学的不确定性原理。

现在我们来讲讲什么是不确定性原理。大家应该还记得，拉普拉斯曾说过，如果能知道某一时刻所有物体的运动状态，就能知道未来发生的一切。所谓的运动状态包括两部分，一部分是物体的位置，另一部分是物体的运动速度。在物理学中，我们经常用动量来代替速度。什么是动量呢？其实就是物体的质量乘以它的速度。所以拉普拉斯其实是在告诉我们，只要在某一时刻同时测出物体的位置和动量，就可以精确地预测出它以后的运动情况。举个例子，你抓起一把石子往天上丢，只要能知道每个石子丢出时的高度，以及丢出时的速度或动量，就可以精确地算出每个石子最终会落在哪里。

但是海森堡发现，在微观世界里，拉普拉斯的前提本身就是错的。你根本无法同时测出物体的位置和动量。换句话说，如果你的"石子"只有原了那么小，你要想精确地测出它的位置，那它的动量就一定测不准；反过来，你要想精确地测出它的动量，那它的位置就一定测不准。总之就是鱼和熊掌不可兼得。而这个鱼和熊掌不可兼得的结果，就是量子力学中最重要的海森堡不确定性原理。

可能有的小朋友会继续追问，为什么在微观世界里，物体的位置和动量没办法同时测准呢？这其实不难回答。想想，我们一般要怎样测量一个物体的位置？我们首先得看见它，对不对？所谓的"看见"，就是让光打到物体上面，然后再反射到人眼或显微镜里。我们前面讲过，每种光都有自己的波长。万一光的波长比物体的尺寸还长，那它就反射不回来了；换句话说，我们无法看见尺寸小于光的波长的物体。所以，要想精确地测出物体的位置，就要尽可能用波长比较短的光。但我们也讲过，光的波长越短，光子的能量就越大；而能量大的光子打到特别小的物体上，就会干扰到它原来的运动。打个比方，有一个皮球在地上滚，一只苍蝇撞上去，皮球还是照滚不误；但一只小狗扑上去，皮球的运动轨迹立刻就变了。同样的道理，能量越大的光子，越容易干扰微观粒子的运动状态。这意味着，用波长短的光，就没办法测准物体的动量了。

所以你看，用波长比较长的光，能测准微观粒子的动量，却测不准它的位置；而用波长比较短的光，能测准微观粒子的位置，却测不准它的动量。

鱼和熊掌不可兼得，说的就是这个道理。

现在我们已经知道，微观世界的物体遵从海森堡不确定性原理，它的位置和速度不可能同时被测准，因此无法精确地算出它未来的运动情况。事实上，微观粒子根本没有确定的运动轨道，而是像云雾似的弥散在很多地方。这是怎么回事呢？我们下节课会详细地讲。

最后，可能有的小朋友会问：宏观世界的物体是否遵从不确定性原理呢？答案是遵从。但是宏观物体的不确定度特别小。举个例子，一个正常人，他位置的不确定度只有 1 米的一亿亿亿亿亿分之一。在这个世界上，没有任何一台科学仪器能测量这么短的距离。换句话说，宏观世界的物体全都可以被测得非常准。所以牛顿力学在宏观世界是完全成立的。

延伸阅读

① 粒子是波这个说法不完全对，应该说粒子还是粒子，只是在我们看它之前，我们不确定它在哪里。而这个不确定性是由波动的性质得出的，就是说不确定性有高有低，就像波谷和波峰，所以这个不确定性的性质是波，而不是说粒子本身就是波。

② 在我们测量光子之前，它是不确定的，它的不确定性按照波的方式呈现。当大量的光子聚在一起形成一个经典的对象时，它的不确定性就变成确定性了，这个确定性由波组成，这个波就是经典的波，像水面的波动那样。我们通常说电磁波，原因就在于此，科学家是先发现电磁波，后发现光子的。当然，科学家同样也先发现了光是波的，尽管很早之前，牛顿说过光是由粒子组成的，不过牛顿眼中组成光的粒子和爱因斯坦眼中的光子是不一样的。牛顿所说的组成光的粒子和很小的石块没有区别，而爱因斯坦眼中的光子除了携带能量和动量，与石块没有任何相同之处。

③ 当电子和原子核形成原子的时候，电子是可以存在于原子之外的，只不过到了原子外面，我们找到电子的可能性就变得很小。

④ X 射线也是电磁波，组成它的也是光子。我们不能说一个光子有多大，只能说它的不确定性，它位置的不确定性应当在一万亿分之一米到一亿分之一米之间，它的能量在万分之一电子能量到一个电子能量之间。

⑤ γ 射线的能量要高于一个电子的能量，大量地照射 γ 射线是可以致命的。但是少量照射一下是没事的。

⑥ 只要一个粒子存在于宇宙里面，它就永远是不确定的。它的不确定性正如我们前面所讲的，跟它的质量成反比，质量越大，它的不确定性越小。我们人的不确定性非常小，完全可以忽略。

⑦ 细胞由大量的原子组成，最小的细胞的尺寸也要比原子大一万倍，所以细胞的不确定性很小。也许等到我们做出纳米机器人的时候，就可以一个一个地定位并杀死癌细胞，因为癌细胞是经典的，我们可以精确地定位它。

⑧ "薛定谔的猫"原则上是可以存在的，但是存在的条件非常苛刻，所以不可能存在于实际生活中，如果这个"薛定谔的猫"暴露在

空气之下，那么它非死即活。这种现象涉及量子力学的另外一个重要概念，就是退相干性，只要一个量子物体跟周围的环境发生相互作用，它就很难处在一个精确的量子态中。

⑨ 当一个原子处于一个简单的原子状态时，它是不确定的。但是如果一个原子成长为一个很大的分子，那它就变成一个经典物体了，它就很确定了。一个物体能量越大，它的位置的不确定性就越小。

⑩ 量子力学和相对论是 20 世纪物理学的两大支柱。爱因斯坦完成了两项伟大的事业：一是提出了狭义相对论，这个理论与量子力学完全没有矛盾；二是提出了广义相对论，这个理论包含了万有引力。当人们试图将量子力学用在万有引力上时，就出现了无法解决的矛盾。科学家至今还在寻找可以完全解决这个矛盾的理论。

⑪ 量子这个概念是普朗克引入的，按照他的理解，量子就是光里面的那些能量，一份一份的能量。后来，爱因斯坦发现，这一份一份的量子其实就是光子。现在量子的含义则更加复杂，不再是一份一份的能量，所有跟量子力学有关的东西都可能被叫作量子。

⑫ 正因为电子、原子是不确定的，我们的椅子、桌子、沙发才不至于突然坍塌，我们在下一讲中会仔细解释。

⑬ 原子核里面发生物理变化的时候产生的能量，比原子发生变化时产生的能量要大很多，这也和不确定性原理有关，原子核越小，能量就越大。因为原子核比原子小十万倍，所以能量就会大十万倍。也就是说，核能比化学能大十万倍。原子弹就是利用核能制造的，跟原子核有关，跟原子本身没有关系。

⑭ 人是由原子组成的，不是由量子组成的。但原子是遵从量子力学的，量子本身不是一个物体，量子只是一个说法，正如我前面所说的，它本来是光里面的一份一份的能量。后来量子变成一个概念，所有遵从量子力学的东西都被叫作量子了。

我们知道的地球上的所有东西都是由原子构成的，人当然也是由原子构成的。

⑮ 有一件事很重要，就是仅仅用碳原子就可以构造不同的物体。比如金刚石，也就是钻石，是由碳构成的。铅笔芯也是由碳构成的，它们构成的方式不一样。还有很多其他我们在日常生活中见到的由碳元素构成的不同的物体。

⑯ 不同原子之间的相互作用力是不一样的，其实它们都是由电磁力导致的。

⑰　根据相对论，质量和能量是一回事。

⑱　在原子里面，所谓电子的跳跃，是电子从能量高的地方向能量低的地方跳跃。根据能量守恒定律，电子在跳跃的过程中得辐射光子。如果从能量低的地方向能量高的地方跳，同样，根据能量守恒定律，它必须吸收光子。

⑲　整个宇宙充满了能量，除了能量没有别的东西，只不过能量的形式不一样，有的呈现为电子，有的呈现为原子，有的呈现为光子，有的甚至呈现为暗物质或暗能量。

⑳　在相对论里我们会有不同的质量定义，有时把一个物体静止时的能量叫作质量，有时我们把物体运动的整个能量叫作质量，这两个质量的概念是不一样的。

㉑　根据相对论，光速是最高的速度，引力波也是以光速传播的。

㉒　量子力学的意义有很多。第一，它能帮助我们正确认识世界运行的规律和方式。第二，它有很多应用，比如芯片里会用到量子力学。其实我们日常生活中到处都是量子力学，如果没有量子力学，物体就是不稳定的。

㉓　任何一个有质量的粒子，它的速度原则上都不能达到光速，因为

达到光速时它的能量会无限大。有质量的粒子，它的速度只能慢慢地靠近光速，比如，要把一个质子加速到光速的 99%，那么需要的能量是这个质子质量的 6 倍以上。

㉔ 粒子是不是无限可分的？其实，根据现代粒子物理的概念，粒子不是无限可分的，它分到一定程度就只剩下一些所谓的基本粒子，这些基本粒子是不可再分的，它们都是最基本的。

2

物质为何能保持稳定

第 2 讲

我们平常见到的很多物体都是稳定的。比如我们屁股下面坐的椅子，手中拿的手机，电脑的屏幕，在很长一段时间内都不会突然变形、走样或爆炸。这是为什么呢？

这个问题一定会让你觉得莫名其妙。这有什么好问的？本来就应该如此啊！比如说，我们平常用的不锈钢汤勺和刀叉，拿在手里感觉很结实、很坚硬。我们觉得这理所当然，它们本来就应该坚硬。还有很多其他材料也很结实，例如比不锈钢更坚硬的材料——钻石。然而，我们很快会看到，这真的是一个烧脑的问题。

当然，很多材料没有不锈钢餐具和钻石这么坚硬，例如石头。石头也很坚硬，不论是大石头还是小石子，它们都不会突然变软，不会突然变小，更不会突然爆炸。还有比不锈钢和石头更结实的东西，例如木头。但木头也不会突然变小，不会突然向内塌陷，也不会突然向外爆炸。

　　我们日常见到的不锈钢、钻石、石头、木头，它们都是固体。固体不会在一般压力之下变形，这是固体的性质。此外还有液体，比如我们日常生活里最需要的东西——水。一个人可以几天不吃饭，但是不能几天不喝水，几天不喝水人就会死掉。水这种东西也不会突然爆炸，不会从一杯水突然缩小到一滴水。水的大小，或者说体积，不会改变，这种性质跟固体是一样的。

　　还有比水更柔软的东西，就是空气。我们可以看到天上的云彩以及蓝色的东西，这蓝色的东西就是空气。空气之所以变成蓝色，是太阳光照到空气上面产生漫散射造成的，具体细节我们在这里就不讲了。蓝色空气是比水更加柔软的东西，物理学中把它叫作气体。气体同样不会突然变大，也不会突然变小。这种不会突然变大或变小的性质，叫作稳定性。

　　一个多世纪以前的物理学家就已经发现，不论是固体、液体还是气体，这些物质实际上是由更小的原子组成的。我们用显微镜看这些物体，特别是前面提到的不锈钢，就会看到不锈钢里面有很多原子，排成一列一行、非常规则的形状。但你会发现，在不锈钢原子之间存在很多空隙，也就是空白的区域。不锈钢原子和空白区域的尺寸差距有多大，待会儿我们会用一个形象的比喻来描述。你会看到与空白区域相比，不锈钢原子小得可怜。

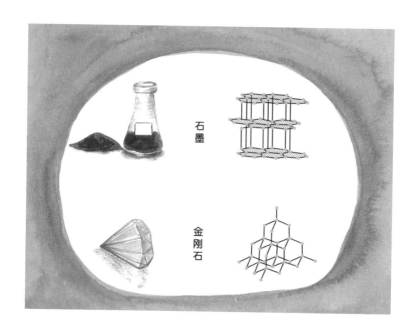

也就是说，两个原子之间的空隙非常大，大到不可思议。

　　这就产生了一个问题，如果把水杯放在桌子上，为什么水杯不会穿过桌子掉下去？我们已经知道，水杯和桌子都是由原子构成的，而桌子里的原子和原子之间存在很大的空隙，水杯的原子和原子之间也存在很大的空隙。那么，为什么组成水杯的原子不会从组成桌子的原子之间的空隙中掉下去？这是一般人平时完全没有思考过的问题。换句话说，尽管世上有很

多物体，表面看好像很密实，中间
没有任何空隙，但如果拿显微镜一
看，你就会发现，其实这些物体内
部绝大部分区域都是空的，而原子
就悬空排在那里。但奇怪的是，这
些物体依然能保持稳定，不会突然
变大或变小。为什么会这样呢？这
就是我们想问的问题。而这个问题
的正确答案，就在我们这本书介绍
的量子力学中。

● 卢瑟福 ●

　　第一个发现物体内部很空的人
叫卢瑟福，是英国剑桥大学的一位
物理学家，1908 年获得了诺贝尔化
学奖。一位物理学家，最后居然得了诺贝尔化学奖，听起来是不是很奇怪？
卢瑟福本人对此也是相当不满，觉得自己明明应该得物理学奖。可能你会问，
物理学奖也好，化学奖也好，都是诺贝尔奖，得哪个都一样，干吗还要斤
斤计较呢？对我们普通人来说，这两个奖确实差不多。但在卢瑟福看来，

这两个奖的区别可大了，化学奖完全不能和物理学奖相提并论。因为他曾说过一句名言："科学研究，除了物理，其他的都是集邮。"

不但卢瑟福本人很牛，他培养的学生也是超级厉害。他的学生和助手，先后共有12个人获得了诺贝尔奖！要知道，除了欧美、日本等少数发达国家和地区，其他大多数国家都没有这么多诺奖得主。换句话说，卢瑟福一个人培养的诺奖得主，比世界上绝大多数国家以举国之力培养出的诺奖得主还要多！在卢瑟福所在的卡文迪许实验室，还一直流传着这么一个故事，一天深夜，卢瑟福去实验室检查，意外地发现有个学生在做实验。他走到学生的身后，轻声问道："你上午在干什么？"学生回头一看是卢瑟福，立刻站起来回答："在做实验。"卢瑟福又问："那下午呢？"学生回答："在做实验。"卢瑟福再问："晚上呢？"学生以为老师会表扬他勤奋，所以得意地回答："也在做实验。"没想到卢瑟福一脸严肃地问："你整天都在做实验，还有时间去思考吗？"学生当时就哑口无言。临走时，卢瑟福告诫他："别忘了思考！"从此，这句话就成了卡文迪许实验室的名言。

言归正传。卢瑟福想要研究原子内部有什么结构。他设计了一个实验，用一种叫 α 粒子的东西来往物体内部打。他发现 α 粒子很容易穿过物体，说明物体内部大部分都是空的。但随着实验的进行，奇怪的事情发生了：

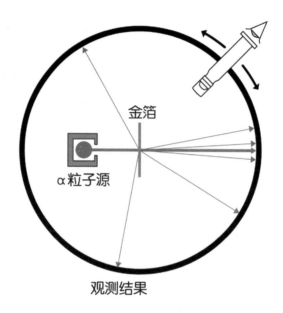

金箔

α粒子源

观测结果

有一次，α粒子被打进物体内部后，竟然从原路反弹了回来！卢瑟福后来在回忆录里写道："这是我一生中碰到的最不可思议的事情。就好像你用一门口径约40厘米的大炮去轰击一张纸，却被反弹回来的炮弹击中一样。"这说明什么呢？说明在原子内部，一定存在着一种特别小又特别坚硬的东西，也就是所谓的原子核。就这样，卢瑟福弄清楚了原子的结构：内部有一个特别小、带正电，还特别坚硬的原子核，原子核外有一些质量更小、带负电的电子。

在继续往下讲之前，让我们先回顾一下本节课中提出的问题：为什么由很多原子构成、中间存在很大空隙的物质能保持稳定？这个问题为什么很难回答呢？

我们现在想象有两队士兵，他们排成两排，每排相邻的两个士兵之间的距离为十米，然后他们互相朝对方走过去。你会发现由于每排士兵之间都相距十米，他们撞上对面士兵的可能性很小。多数情况下，他们会相互穿过，没有任何碰撞地走过去。这其实就是我们前面问的问题。把一个水杯放在桌子上，水杯原子间存在很大的空隙，桌子原子间也存在很大的空隙。但问题是，水杯原子总能撞上桌子原子，因此才不会穿过桌子掉下去。

士兵的例子其实只是一个简单的类比。事实上，这个问题比我们想象的要惊人得多。物质的原子之间，已经空荡到极其夸张的程度。到底有多夸张呢？现在就让我们来看一看。

打个比方，让我们把一个原子核放大一千万亿倍。一千万亿是什么概念呢？我们地球上目前有 70 亿人。有人估算过，如果把所有曾在地球上生活的人都加起来，大概会有一千亿人。用这一千亿再乘以一万，就是一千万亿。这么大的数字，一般只有在天文学中才会用到，所以人们就把这类数字叫作天文数字。把一个原子核放大一千万亿倍，这个原子核的直径就会达到 1 米，有大半个士兵那么高。

我们前面已经提到了原子的结构，就是电子在绕着原子核转，有点像地球在绕着太阳转。我们把电子所在轨道的大小看作一个原子的大小。然后，我们把原子也放大一千万亿倍。你猜现在的原子会变成多大？有100公里，大致相当于从北京到天津的距离。换句话说，如果把原子核放大到一个人的大小，那么原子核之间的距离最少也会有从北京到天津那么远。让我们回到士兵的比喻。有两排士兵，每排相邻的两个士兵之间都隔了100公里。现在让这两排士兵互相朝对方走去。那他们会彼此相撞吗？肯定不会！

可能聪明的小朋友会问了，虽然原子核之间隔了很远，但如果让每个原子核或电子都运动起来，就像让每个士兵都在自己的队伍里来回跑动，这两队士兵是不是就会相撞了呢？答案是相撞的可能性的确会增大，但依然非常小。因为相邻士兵之间毕竟隔了100公里，那可是从北京到天津的距离。不相撞，就可以互相穿越。那为什么我们在现实生活中从未看见水杯穿越桌子掉下来呢？

第一个回答这个问题的人就是玻尔，他是丹麦的一位大物理学家，也是卢瑟福的学生。他最早提出了氢原子的模型，也就是一个电子绕着一个原子核转的模型。在谈玻尔的氢原子模型之前，我们先来讲几个关于玻尔

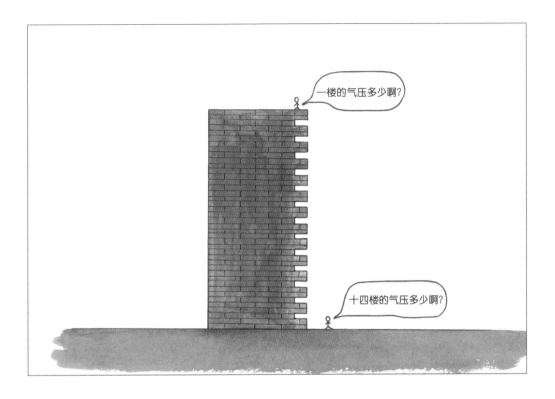

的有趣故事。

　　先说一个流传甚广的故事。有一天，卢瑟福的一个同事突然打来电话，说他现在有一个学生考得很糟，他要给零分，这个学生偏说自己该得满分，请卢瑟福来评判一下到底谁对谁错。原来，卢瑟福的同事出了这样一道题："给你一个气压计，你怎么用它来测量一栋楼的高度？"答案其实很简单。地面的气压比较高，高处的气压比较低。如果我们去云贵高原，或者去更高的青藏高原，就会感受到青藏高原和云贵高原气压是比较低的。利用地面和楼顶测到的气压值，就可以推断出大楼的高度。

但这名学生，也就是玻尔的回答让人大跌眼镜。他说可以把气压计拿到楼顶，另外带一根很长的绳子，把气压计系在绳子的一头，再把气压计垂向地面，等气压计碰到地就收回来，收回来的绳子的长度就是大楼的高度。这个回答当然是正确的，但并不是一个物理学的答案。所以卢瑟福的同事就想给他零分。

卢瑟福见到玻尔的时候，玻尔说其实他有五六个物理学的答案。卢瑟福就好奇了，说：你能说出几个你的答案吗？玻尔说好。有一个物理学答案是这样的：把气压计拿到楼顶，然后一松手让它自由落地，通过测量它落地的时间，就可以根据自由落体定律算出大楼的高度。玻尔还有好几个物理学的回答，都是这种虽然正确但令人抓狂的答案。最后，玻尔说他还有一个最简单的答案：可以去找大楼的看门人，跟他说如果他能告知大楼的高度，就把气压计送给他。卢瑟福觉得这个年轻人很有才气，于是就给了他满分。

不过真实情况是，玻尔第一次见到卢瑟福的时候，就已经在哥本哈根大学拿到了博士学位。玻尔后来又回到了哥本哈根大学，创建了著名的玻尔研究所。顺便说一下，我的博士学位就是在哥本哈根大学的玻尔研究所拿到的，那是 1990 年的事了。所以，上面讲的故事其实是玻尔的粉丝编出

来的，来说明玻尔多有才气。下面我再讲一个玻尔的真实故事。

一提起科学家，很多人脑海中立刻浮现出一副跟陈景润似的身单力薄、病歪歪的形象。但事实上，科学家中也有不少肌肉男，其中最典型的例子就是玻尔。玻尔年轻时是一个非常有名的足球运动员。他还有一个后来当了数学家的弟弟，比他更厉害，曾经代表丹麦国家足球队参加过奥运会，并且获得了奥运会的银牌。兄弟俩都曾效力于哥本哈根大学足球队。这是一支很强的球队，多次获得丹麦全国比赛的冠军。玻尔是这支球队的替补守门员。为什么是替补呢？我们刚才说过，玻尔所在的球队很强，一般都是他们去围攻别的球队的大门，很少会让别的球队威胁自己的球门。作为这支强队的守门员，玻尔在大多数时间里都是很闲的。为了打发时间，他养成了一个"坏"习惯，就是在空闲的时候会找几道物理题来算。有一次，他们和一支德国球队比赛，玻尔又习惯性地算上物理题了。结果德国球员发动反击，看到对方守门员不知道在发什么呆，就直接远射吊门。玻尔还沉浸在物理的世界里，根本没注意到发生了什么就被德国人攻破了球门。玻尔球队的教练勃然大怒，从此以后就把玻尔贬为替补守门员了。

言归正传，基于卢瑟福的实验结果，玻尔提出了著名的氢原子模型。下面就是这个模型的示意图。氢原子中心有一个原子核，原子核外还有一

原子核

轨道1

轨道2

轨道3

玻尔氢原子模型

个电子。最关键的是,电子只能在一些特定的轨道上运动。这就像学校运动会的 100 米赛跑,运动员只能在自己的跑道里完成比赛,而不能横穿操场直接跑向终点。电子也是如此,它只能待在特定的轨道里,无法在其他地方稳定存在。这样就像我们刚才所说的,如果士兵都可以在自己队伍里来回跑动,那么这两队士兵相互走过去的时候就有可能碰到一起了。

尽管这两队士兵都可以在自己的队伍里跑,他们相互走过去碰到一起的可能性还是很小,毕竟相邻两个士兵之间隔了 100 公里。所以玻尔的氢原子模型只是解决物质稳定性问题的第一步。

第二个推动问题解决的人是德国物理学家海森堡。海森堡在大牌物理学家中是一个异类。为什么这么说呢？因为很少有大牌物理学家像他这样数学不好。海森堡读博士时研究的是湍流，就是我们平时看到的那种江河水很混乱地流动的现象。研究湍流需要解一个很复杂的方程。但是海森堡数学不好，解不出来，弄得差点毕不了业。不过海森堡有一个很大的优点，就是他的物理直觉特别好。也就是说，他虽然搞不懂中间过程，却善于跳过过程直接得到最终的结果。海森堡猜出了一个此方程的近似解，拿到了博士学位。结果这个为了毕业乱猜出来的解，最后居然被一些数学家证明是正确的。

回到我们的主线。海森堡是怎么解释物质稳定性问题的呢？他说原子中的电子，其实并不在一个个独立的轨道上运动，而是像我们上节课讲的，像鬼影一样到处移动。换句话说，电子的位置是不确定的，任何时刻都会同时出现在很多地方。只有当我们去看的时候，才能知道电子具体出现在哪里；如果不去看，电子就会同时待在很多地方。听起来很奇妙，对吧？这就是量子力学的神奇之处。

海森堡是怎么产生这种奇妙的想法的呢？24岁那年，海森堡得了很严重的过敏性鼻炎，没法工作了。所以他跑到一个叫黑尔戈兰的小岛上去

度假疗养。这个岛光秃秃的，岛上没有树，没有花，没有草。海森堡住在
这个光秃秃的小岛上，过敏性鼻炎好了，因此他脑子也清醒了。他思考玻
尔的模型，觉得如果抛弃轨道的概念，让电子可以到处乱转，并同时出现
在很多地方，那原子结构就会变得稳定。你想啊，虽然两个士兵相距100
公里，相当于从北京到天津，但这些士兵个个有超能力，在任何时刻都能
出现在北京与天津之间的任意地方。那你说，这两排士兵是不是就很容易
撞上了呢？

　　这是正常的答案。但我想真实的故事应该是这样的：海森堡在光秃秃
的小岛上觉得无聊，四处散步，然后黄昏时看到了低垂于海面上的云彩。
他突然来了灵感，觉得电子要是没有确定的位置，而是像云彩一样飘散在
各处，两个原了就有可能撞到一起。

但我们知道，云彩是软绵绵的。两朵云相撞的时候会融为一体，而不是像水杯和桌子那样泾渭分明。换句话说，虽然海森堡的理论让相距甚远的原子可以撞到一起，但无法保证它们相撞后能互相弹开。所以，物质稳定性问题依然没有得到解决。

第三个解决问题的人出现了，他就是海森堡的师兄，奥地利物理学家泡利。

泡利是历史上赫赫有名的天才。天才到什么程度呢？我给你们

● 泡利 ●

举个例子。我们都知道，20世纪最伟大的物理学家是爱因斯坦，而爱因斯坦最著名的理论是广义相对论。这个理论特别艰深，以至于在它被提出后的十年间，全世界都没有几个人能搞懂它。但在广义相对论被提出后的第五年，年仅21岁的泡利就写了一本书来系统地介绍它。你想想看，一个

21 岁的年轻人，仅凭一己之力就弄懂了全世界没几个人懂的理论，还把它深入浅出地写成了一本书，这是一件多么不可思议的事啊！就连爱因斯坦本人都发出惊呼："任何该领域的专家都不会相信，此书竟出自一个年仅 21 岁的青年之手。"

现在我们来讲讲泡利是怎么解决这个问题的。泡利这个人很喜欢跳舞。一个有名的故事说，他曾为了参加一个大型舞会而拒绝出席某届索尔维会议。索尔维会议是历史上最有名的物理学会议，每次都会邀请几十位世界上最著名的物理学家。能参加这个会议，对物理学家而言是一件很荣耀的事情。但泡利放着这个最著名的物理学会议不参加，反而去参加了一个舞会。

泡利在舞会上发现了一种现象：一个男生和一个女生跳舞，通常都是一对一对跳的；而如果一个女生跟一个男生跳舞，她会很讨厌另外一个女生也加进来跟这个男生跳舞。

可能会有小朋友说了，这算哪门子发现啊？这不是谁都知道的事吗？但恰恰是受这个平淡无奇的现象启发，泡利发现了著名的泡利不相容原理。这个原理其实很简单，就是说在一个氢原子核周围只能有一个电子，另外一个电子根本就进不去。正如一个男生只能和一个女生跳舞，不能同时跟两个女生跳一样，"一朵云彩"里面也只能有一个电子，不允许第二个电子的存在。你看，泡利不相容原理一引进来，原来软绵绵的云彩立刻就变得很坚硬了吧？换句话说，原子是由一对对"舞伴"组成的，它们不喜欢其他"舞伴"随便靠近。正是由于这个原因，两个原子势必要保持一定的距离，而不会碰撞到一起。这就解释了我们上面说过的由一排排原子组成的物体不会突然缩小，以及水杯放在桌子上不会突然掉下去的问题。

● 费米 ●

对泡利不相容原理做出进一步贡献的人叫费米，是一位意大利的物理学家。第二次世界大战的时候，费米逃到了美国，去帮美国人造原子弹。原子弹造好以后，大家都想知道这种新武器到底有多大威力，可又不敢真的跑过去测量，因为离得太近就没命了。这时费米想了个办法，在很远的地方就把原子弹的爆炸威力给测出来了。你猜费米是怎么做到的？他随手抓了一把纸屑，在原子弹爆炸的时候往空中一抛。爆炸掀起的大风让这些纸屑往后飘了一定的距离。费米就用这段纸屑往后飘的距离，估算出了原子弹爆炸的威力。

费米认为在原子的世界里，所有女生其实都是一模一样的。换句话说，所有的电子都长得一模一样。两个一模一样的女生可以在两朵不同的云彩里和两个男生跳舞，但是不允许这两个女生在同一朵云彩里和一个男生跳舞。

聪明的小朋友可能会问，我们能不能把原子核放在一堆，把电子放在另一堆，然后让一大堆原子核和一大堆电子互相绕转？如果发生这种情况的话，物质还会不会塌陷或爆炸？这是一个很好的问题。解决这个问题的人是英国物理学家戴森。

戴森是英国人，却长期住在美国。他发现英国人总是很悲观，而美国人总是很乐观；英国人总是勇于承认失败，而美国人总是要当胜利者。戴森觉得这两种性格都太极端，不好。最好还是把两者结合在一起。受此启发，戴森用泡利不相容原理证明了原子核一定会与电子配成一对，从而形成原子。这也符合我们日常生活的经验。在舞会上，不可能是男生挤成一堆，女生也挤成一堆，然后一堆男生和一堆女生围在一起跳舞。舞会总是由很多对舞伴组成，每对舞伴都包括一个男生和一个女生，男生和女生会自动在舞会上结成舞伴，这就彻底解决了物质为什么不会塌陷的问题。

估计有同学要问了，你只说了为什么物质不会向内塌陷，并没有说为什么物质不会向外爆炸啊？答案其实很简单。我们已经说过，原子核会与电子配对，从而形成原子。这就像男生和女生会结成舞伴，然后在舞会上跳舞一样。常常会有这种情况：一对舞伴中的男生也想跟其他女生跳舞，而一对舞伴中的女生也想和其他男生跳舞。因此，不同的舞伴之间可以相互交换成员。与此类似，不同的原子之间也可以互相分享电子和原子核。这种情况下，不同的原子间会产生一种吸引力，这就是所谓的化学键。

请大家看下页的图。这就是两个氢原子形成一个氢分子的示意图。氢原子是由一个氢原子核和一个电子所组成的一对舞伴。当两个氢原子足够接近的时候，两个氢原子中的电子就可以越界跑到对方的区域。这就像两对舞伴，其中的两个女生都可以去跟另外的男生跳舞。这样，两个氢原子由于化学键的吸引力紧紧地结合在一起，从而形成了一个氢分子。正是由于化学键的吸引力，物质才不会四处飞散，更不会突然爆炸了。

让我们来总结一下本节课的内容。在舞会上，一群男生和一群女生会自动结成一对对舞伴。每对舞伴中的女生都不希望别的女生来抢自己的男

伴，从而产生了一种向外的排斥力。这就是物质不会突然向内塌陷的原因。
与此同时，每对舞伴中的女生其实还想跟其他男生跳舞，而每对舞伴中的
男生其实也想跟其他女生跳舞，这又会产生一种向内的吸引力。这就是物

质不会突然向外爆炸的原因。既不会塌陷，也不会爆炸，所以物质就能一直保持稳定了。

最后给大家一个彩蛋，讲讲著名的戴森球。这是由刚才说到的物理学家戴森最早提出来的。什么是戴森球呢？其实就是一个巨大的太阳能发电站，大到足以把整个太阳都包起来。这样太阳发出的所有能量，都可以被转化成电能。当然，这东西太先进了，我们人类在很长一段时间内是造不出来的。假如有外星智慧生命，它们的文明就有可能发达到足以造出戴森球。一旦它们造出了这个东西，被戴森球包住的那颗恒星的亮度就会显著降低。这样，我们人类就可以通过观测恒星亮度的变化，来寻找这些外星文明了。

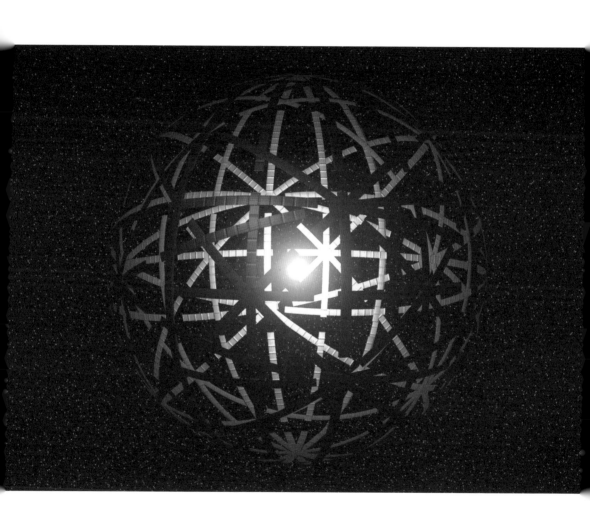

延伸阅读

1. 原子中的电子是一个基本粒子，它是点状的，没有大小，所以不会爆炸；所有基本粒子在物理学中都是数学上纯粹的点，没有大小也没有长宽，因此不会爆炸。

2. 火药为什么会爆炸？这是一个很好的问题。如果我们不点燃火药，它不会爆炸。火药爆炸的原因是它发生了化学反应，就是火药里的不同成分发生了反应。这些化学反应有时会产生斥力，这时候就会发生爆炸。

3. 经典物理当然有用，当很多原子和分子组合在一起，这团物质被看成一整个对象的时候，它就满足经典物理学，但是经典物理学没法解释物质为什么会保持稳定。

4. 泥土会塌陷是因为当泥土重到一定程度的时候，泥土中原子的斥力不足以抵抗压力，所以会塌陷。当泥土密度大到一定程度之后，也就是当你将泥土夯实到一定程度的时候，它的分子和原子之间的斥力可以排斥压力，就不会塌陷了。

5. 所有物理学规律都是用实验来验证的。当一个原子掠过另一个原子时，它有可能把那个原子里的电子带走，这个带走的可能性是可以计算的，就像两对舞伴互相路过的时候有可能交换舞伴，交换的可能性也可以计算——假如我们知道这些跳舞人的心思。

⑥ 火是一个概念，当我们看到火的时候，其实是一团物质在发光。加热物质之后，它里面原子中的电子会被激发出来，电子从原子中掉出来就会辐射光。所以火本身不是物质，火只是物质发光的一种现象。

我们通常把火向上烧的那个发光的部分看成火，其实它大部分是气体。铁也发光，我们会说铁烧红了而不说那是火，这是习惯说法。铁发光的时候跟空气发光是一模一样的。

⑦ 每个质子和电子都有确定的重量。如果能称重量，所有电子的重量是完全相同的，这就是费米发现的事实：所有电子都长得一模一样，没有办法区分。所有质子的重量也是完全相同的，当然，不同元素的重量不同。氧元素与碳元素的重量是不同的，金原子与银原子的重量也不同，总之，每个不同元素的原子都有不同的

重量。

8 我们可以造出一些不稳定的重原子核，特别重的元素通常是人造出来的。有时候一个很重的元素刚造出来就被毁掉了。

9 电子永远不会碰到原子核，因为电子就是围绕着原子核的一团雾。当两个原子靠近的时候，它们的电子会互相干扰对方，但不会碰到原子核。

10 电子能量高的时候可以叫高能粒子，中微子高能的时候也是高能粒子。不同的粒子之间会发生不同的反应。电子最小（最轻），电子是基本粒子。原子核不是基本的，原子核里面有质子和中子。质子和中子也不是基本的，质子和中子是由夸克组成的。

物理学家一般认为夸克本身是基本粒子，没有大小，像电子一样。原子没有办法被切成若干份，是因为原子由原子核和电子组成，你只能把电子从原子中拿掉，然后剩下一个原子核，没有办法把原子核切成若干份。夸克是基本粒子，像电子一样不可再分。

11 现在可以确定中微子不是暗物质，暗物质一定是我们不知道的一种粒子，或者某几种粒子。

12 我们现在通常用的加速器都是用来加速电子或质子的，因为它们都带电，不带电的粒子是没有办法被加速的。

13 中微子之间几乎没有吸引力，因此不可以用中微子组成任何物质，原子之间是有吸引力的，所以原子可以用来组成物质。

14 夸克是基本粒子，电子也是基本粒子，中微子和光子也都是基本粒子，当我们说大小的时候，指的是它们的质量，而不是尺寸，因为基本粒子都没有尺寸。

15 电子不能组成物质，因为电子都带同样的电荷，它们之间是互相排斥的，必须要将原子核和电子放在一起才能组成物质。

16 目前在加速器上可以通过碰撞的办法制造出反物质，但不能大批地生产。

17 物质积聚大到一定程度的时候，可能会坍缩成黑洞。黑洞形成之后，我们不能说出它由什么物质组成，因为只要黑洞的质量一样大，它们就长得一模一样。

18 亚原子是一个概念，我们通常将比原子小的东西叫作亚原子。原子核是亚原子，电子、中微子、基本粒子都是亚原子。

19 如果不经过剧烈的过程，通常自然界中只有质量比太阳大很多的物质才会坍缩成黑洞，比如，天体里面的黑洞质量都超过了10

个太阳的质量。前段时间引力波发现了两个黑洞，一个是 36 个太阳质量，一个是 29 个太阳质量。

20 虫洞是一个假想的东西，也许它并不存在，只是物理学家想象的一个东西，虫洞只是一种时空形态，而不是任何物质。

21 基本粒子没有大小，这一点是很难理解的，因为它有质量，所以也就是说，它的密度是无限大的。的确，物理学家用量子力学和相对论来解释基本粒子，就得假设它没有大小，在逻辑上是这样的。

22 不确定性原理是海森堡发现的，电子在原子中的位置是不确定的。当你试图确定电子在原子中的位置时，往往这个电子已经被你打出原子，不在原子里面了。

23 普通电流，比如电线里面的电流，由运动的电子构成。这些运动的电子是怎么来的？当电子变成自由状态时，在电压的作用下，会从一个原子核跳到另外一个原子核，它们就成为运动的电子了。但半导体里面也可以由其他方式产生电流，就是少了一个电子的原子运动起来产生了电流。

3

量子力学有什么用

第 3 讲

咱们前面已经说过，量子力学和相对论是 20 世纪最重要的两大科学成就。可能有的小朋友会问："你把量子力学说得这么厉害，那它和我们的生活有什么关系？"这一讲中我们就来聊一聊，量子力学到底有什么用。

量子力学的第一个应用是激光。平时我们常会看到一些激光祛斑脱毛的广告。拿激光器往脸上一照，色斑就消失了；往胳膊上一扫，体毛也不长了。这是怎么回事？为了解释其中的道理，我在本书的最后部分给大家准备了一个小实验。吹一个白色的大气球，里面再套一个黑色的小气球。如果你用特定的激光朝这两个气球上面打，会发现外面的白色气球还是好好的，但里面的黑色气球却爆掉了。这与我们的直觉很不相符。根据我们的日常经验，里面的气球是受外面的气球保护的：只有外面的气球先被破坏，里面的气球才会爆掉。那为什么实验结果会这么奇怪？

我们在上一讲讲过，物质都是由原子组成的。原子中间有一个原子核，原子核外还有在固定轨道上运动的电子。现在我要给你们再补充一点知识，不同轨道上运动的电子具有不同的能量。这是什么意思呢？我们来举一个简单的例子。平时小朋友们都会背书包上学。如果你背着书包爬上5楼，就会觉得累。为什么呢？因为把书包带到高处要消耗你的能量。如果你背着书包爬上10楼，会觉得更累。因为把书包带到越高的地方，需要消耗的能量就越多。消耗的能量都跑哪儿去了？其实都转化成了书包的一种特殊能量，我们称之为重力势能。换句话说，10楼的书包本身就比5楼的书包拥有更多的能量。在地球上发射火箭也是如此。发射时消耗的燃料更多，就能把火箭送上离地球更远、本身能量也更大的轨道。

原子世界也遵循同样的规律。你要把电子送上更高的轨道，就需要给它更多的能量。换句话说，位于较高轨道上的电子，本身也具有较高的能量。知道了这一点，很多事就好理解了。比方说，同样是气球，为什么有的黑有的白呢？最根本的原因是，这两种气球里面的电子处于能量不同的轨道。

激光和其他任何光一样，都是由光子组成的，也就是我们在第一讲中讲过的构成光的微粒。小朋友们应该还记得，每个光子都有一定的能量。一般生活里常见的光，比如太阳光，就包含着许许多多的光子，而且这些光子的能量有大有小。但激光非常特别，它里面每个光子的能量都一样大。

这就是激光与普通光最大的区别。

我们刚才已经说过，不同颜色的气球，其内部电子的能量是不一样的。与此同时，每种激光的光子又都有一个特定的能量。当激光打到气球上时，如果气球里电子的能量与激光光子的能量不匹配，那它就不会吸收这种激光。反之，它就会吸收这种激光。

聪明的小朋友应该已经想到了，黑气球里电子的能量恰好与我们实验用的激光光子能量匹配，所以会吸收激光而最终爆掉；而白气球里电子的能量与激光光子能量不匹配，所以不会吸收激光，什么事都没有。激光祛斑的工作原理和这个实验完全一样。当激光照到脸上的时候，好皮肤里的电子能量与激光光子能量不匹配，所以会完好无损；而黑色斑块里的电子能量与激光光子能量匹配，所以会吸收激光并最终被激光所破坏。激光脱毛的工作原理也是如此。

讲完了激光祛斑脱毛，让我们回到激光本身。小朋友们应该还记得，上一堂课我们讲到了泡利不相容原理。这个原理告诉我们，位于原子云朵中的电子，非常讨厌其他原子中的电子闯进自己所在云彩中的轨道。换句话说，电子不喜欢其他电子跟自己处在同一个状态。但激光中光子的情况却正好相反。激光中每个光子的能量都一样大，并且处于相同的状态。

阳光　　　　　灯光　　　　　烛光

 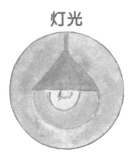 

　　激光为什么具有这么奇妙的性质？它又是怎么产生的？第一个回答这个问题的人，就是20世纪最伟大的物理学家爱因斯坦。

　　众所周知，爱因斯坦最伟大的理论是广义相对论，这是他在1915年提出的。不过爱因斯坦在刚提出广义相对论的时候，并不像今天这么有名。因为那时的人都不喜欢广义相对论，而更愿意接受牛顿爵士的万有引力理论。直到1919年，爱因斯坦才真正名震天下。下面我来跟你们说说这期间发生的趣事。

　　和牛顿爵士的万有引力理论相比，广义相对论有好几个新预言。其中最早的一个是，当光线经过太阳这样大质量的物体时，会由于引力而发生弯曲。要想超越牛顿爵士，爱因斯坦必须等到有实验来支持他的预言。但

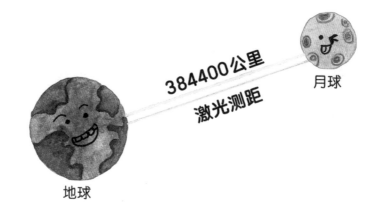

是光线弯曲的程度非常小，一般情况下根本看不见，只有发生日全食的时候才有可能看到。

爱因斯坦苦苦等了四年，终于等到一次大型的日全食。1919 年，广义相对论最忠实的信徒之一，英国著名天文学家爱丁顿出马，组织了两支科学考察队分别赴非洲和南美洲去观测日全食。他们回到英国后宣布，光线经过太阳时的确发生了广义相对论所预言的弯曲。这个发现轰动了全世界，也让爱因斯坦一举登上了科学的神坛。

搞笑的是，作为相对论之父的爱因斯坦，居然也因为这次实验而被人调侃不懂广义相对论。在爱丁顿观测的当晚，爱因斯坦紧张到一夜没睡。后来爱因斯坦失眠的消息传到了爱丁顿的耳朵里。他对此评论道："这说明爱因斯坦本人也不是很懂相对论，否则他会像我一样，睡得安安稳稳。他根本没必要担心，广义相对论肯定是对的，不然我会为仁慈的上帝感到遗憾。"

不可思议的是，就在广义相对论正式发表后的第100年，爱因斯坦的预言竟再次轰动全世界。广义相对论有好几个预言，其中最后、也是最难被证实的预言就是引力波。不过，这个预言还是被证实了。2016年春节期间，一个爆炸性的新闻迅速传遍了全世界：引力波被发现了！ 2015年9月14日和12月26日，LIGO（激光干涉引力波天文台）两次探测到了双黑洞并合产生的引力波，爱因斯坦的名字又一次传遍了全世界。具体细节这里就不讲了，只说一件事，LIGO探测引力波所用的最关键的技术之一，就是这一讲中提到的激光。而产生激光的原理，恰恰也是爱因斯坦本人提出来的。

产生激光的过程，其实很像一场雪崩。雪崩是怎么产生的呢？我们知道，雪山山坡上总是堆着一层层厚厚的积雪。当外部诱因使某一层的一小块雪滑下来的时候，会引起下一层雪的共鸣，使下一层的雪也跟着滑下来，到达更下一层，又引起更下一层雪的共鸣，使更下一层的雪也滑下来。这么

一层层地往下滑，形成连锁反应，最终就演变成一场壮观的雪崩。

现在让我们看看原子的雪崩是怎么回事。我们已经讲过，你背着书包爬上 5 楼消耗的能量少，背着书包爬上 10 楼消耗的能量多。与之类似，把电子送到低轨道消耗的能量少，把电子送到高轨道消耗的能量多。换句话说，高轨道上的电子比低轨道上的电子拥有更大的能量。很明显，当电子从高轨道跑到低轨道的时候，能量会变少。那变少的能量跑哪儿去了呢？会变成一个个光子跑出来。在物理学上，我们把这种发出光子的过程称为辐射。

1917 年，爱因斯坦发现，这个辐射过程其实是可以诱导的。把一个光子打入原子，它可以诱导原子中的电子从高轨道跑到低轨道，同时发出一个跟第一个光子能量完全相同的新光子。这个过程叫受激辐射。有受激辐射就厉害了。一个光子打入原子，就跑出两个一模一样的光子；这两个光子再打入两个新原子，就跑出四个完全一样的光子。这样不断进行下去，就会形成一种原子的雪崩效应，从而产生大量的光子。而且所有光子都携带着相同的能量，就像芭蕾舞女演员都在做相同的动作一样。这样产生出来的就是激光。

爱因斯坦在 1917 年就建立了激光的理论。但一直等到 30 多年后，也就是 20 世纪 50 年代初，才有一个叫汤斯的人把激光发明出来。汤斯这个人很有意思。他年轻时喜欢研究理论，所以考到加州理工学院物理系读研究生。他视力不好，就去医院看医生。医生说你视力不好，看数学公式会比较困难，干脆不要做理论研究了。你连公式都看不清楚，还做什么理论研究呢？你不如去做实验。汤斯听从了医生的劝告，不做理论，改行做实验了。因为做实验，他发明了激光，最后获得了诺贝尔物理学奖。

● 汤斯 ●

　　量子力学的第二个应用是半导体。小朋友的妈妈、爸爸们应该都知道半导体收音机。他们当年参加高考，或者大学参加英语四六级考试，听英语听力时用的就是它。半导体现在已经广泛地应用于我们的生活。我们手里拿的手机，家里看的电视，还有平时用的电脑，里面最核心的元件都是用半导体做的。

　　下面，我给你们讲讲什么是半导体。大家已经知道，原子中有电子，在一定条件下，电子会摆脱原子核的束缚，在某种材料中自由运动，这样就形成了电流。让我们把运动的电子想象成一辆小汽车，把电子跑过的材料想象成一条公路。现在大家应该很容易理解，电流大不大，或者说小汽车跑得快不快，取决于公路的路况。

　　有些材料，它们的路况很好，汽车在上面可以跑得很快，不会受到明显的阻碍。这种材料就叫作导体。绝大多数金属，比如铜、铝、铁，都是导体。而有些材料，它们的路况很糟糕，障碍重重，汽车一上路就堵得水泄不通，根本跑不起来。这种材料就叫作绝缘体。我们常见的陶瓷、橡胶、玻璃，都是绝缘体。

　　但有一些特殊的材料，它们的路况很诡异。路上有不少障碍，一般汽车开上去就会被堵死。但要是外部条件发生变化，比如温度升高，那汽车就又能在路上开了。这些特殊的

半导体收音机

材料就是半导体。

为什么会发生这么奇怪的事情？还是由于量子力学。我们在上一讲中讲过，量子力学让士兵拥有了超能力，可以在任意时刻出现在北京和天津之间的任何地点，这就是为什么他能和另一队的士兵撞上。同样，量子力学也让汽车拥有了超能力，在遇到障碍的时候可以像蝙蝠侠的车那样飞过去，这就是为什么它能在原本堵得死死的路上畅行无阻。需要注意的是，只有满足一定条件的半导体路上的汽车才会获得超能力。绝缘体路上的汽

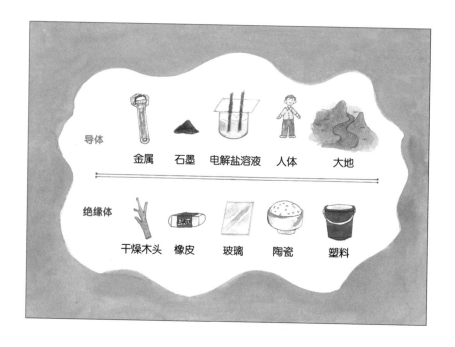

车是不会拥有超能力的。

利用半导体的特性，可以做出一些很有用的电子元件。其中最重要的是二极管和晶体管。二极管有一个非常特殊的性质：在一个方向上给它加上电压，就会产生电流；而在相反方向上给它加上电压，却不会有电流产生。这就像是城市里的单行道：你可以沿一个方向开车，但是沿另一个方向开车就不行了。二极管有什么用呢？它可以在电路里扮演一个开关的角色。

大家应该都听说过 LED（发光二极管的简称）。LED 的发明者——三

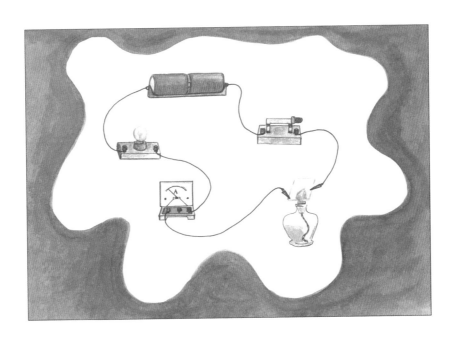

● 二极管 ●

个日本人 2014 年刚获得诺贝尔物理学奖。LED 灯就是用发光二极管做出来的。这是一种特殊的、能够发光的二极管。使用发光二极管有什么好处呢？第一，它的发光效率非常高，比过去的白炽灯要高很多，这使它变得非常节能。所以现在很多商店，比如宜家，卖的灯泡都是用发光二极管做的。第二，它的使用寿命很长，比白炽灯的寿命要长十倍以上。这些优点让人们普遍相信，LED 将成为未来最主流的光源。

有一种电子元件跟前面的二极管不同。二极管有两个接口，而这种元件有三个接口。所以人们就把这种电子元件称为三极管，通常也叫晶体管。晶体管可以放大电流，同时也可以充当开关。它是由贝尔实验室的三位物理学家在 1947 年发明的。他们也因此获得了诺贝尔物理学奖。

这三位科学家分别是肖克利、巴丁和布拉顿。这三个人里，肖克利的经历最传奇。下面我就给大家讲讲他的故事。我们刚才说过，肖克利在贝尔实验室工作的时候发明了晶体管，这让他名声大振。1955年，想当百万富翁的肖克利辞掉了贝尔实验室的工作，跑到加利福尼亚创业去了。他去的地方，就是今天的硅谷。大家都知道，硅谷现在已经是举世闻名的高科技中心了。美国最有名的

● 晶体管 ●

科技公司几乎全都把总部设在了那里。像比尔·盖茨和乔布斯这样的超级巨星，也都是在硅谷成长起来的。但那时，硅谷还只是一个没名气的小地方，基本没什么了不起的公司。为什么短短几十年的时间里，硅谷就能从一个默默无闻的小地方，摇身一变，成为全世界最著名的高科技中心？一个非常重要的原因就是，肖克利去了那里。

　　肖克利不仅是位了不起的物理学家，同时也是位非常有进取心的创业者。1955年，他在硅谷创立了肖克利股份有限公司，来推动晶体管的商业化。

由于晶体管是 20 世纪最重要的技术突破之一，也有非常广阔的商业前景，所以很多年轻的物理学家和技术人员都慕名来到硅谷，想跟肖克利一起干一番大事业。很快肖克利身边就聚集了一批美国电子领域中最优秀的人才。在这些优秀人才里，出现了八位特别有才华的年轻人。然而恰恰是这八个人，后来背叛了肖克利。

1956 年，肖克利又获得了诺贝尔物理学奖，这让他的个人声望达到了顶峰。此时的他看上去一帆风顺、前程似锦，但在这看似春风得意的生活背后，却隐藏着巨大的危机。肖克利虽然是一个科研领域的天才，却非常不懂人情世故，也就是我们今天说的情商低。大家可能都看过美剧《生活大爆炸》。《生活大爆炸》里的谢尔顿·库珀，是一个高智商低情商的典型例子。肖克利就是生活中的谢尔顿·库珀。更糟糕的是，他完全不了解企业的运作。按一位硅谷经理的话说，"他在管理企业方面是一个十足的废物"。

但是肖克利完全认识不到自己的缺点，还特别专横跋扈、唯我独尊。有一次，肖克利跟女秘书在实验室里被图钉划破了手。他就怀疑公司里有人想搞阴谋来害他，于是请了私家侦探进行调查。所有员工都被迫接受了测谎。这听起来是不是很搞笑？

还有一次，肖克利与一个非常重要的投资者贝克曼开会，谈到如何控

制公司的研发成本。肖克利突然大发脾气，对贝克曼说："我的公司必须我说了算。你要是不喜欢我的管理方式，那就分手。"结果人家立刻就和肖克利分了手。

更要命的是，肖克利的公司本身也经营不善。肖克利这人野心很大，想要发明一种里程碑式的晶体管产品，使每个晶体管的生产成本只有5分钱。可惜，他的想法太超前了。这种晶体管，将近30年后才有人做出来。所以肖克利公司一直造不出像样的产品。一些优秀的员工向肖克利提议，为了控制成本，可以做一些小晶体管，然后再把几个小晶体管集成在一起，这就是今天大家熟知的集成电路。但是，肖克利很自以为是，总觉得只有自己聪明，根本不把别人的建议当回事。肖克利的态度让这些追随他的青年才俊都寒了心。

1957年，发生了一个著名的事件：肖克利公司的八个主要员工集体跳槽，这就是硅谷历史上著名的"叛逆八人帮"。他们在一个摄影器材公司老板的资助下开了一家新公司，叫作仙童半导体公司。仙童公司只用了短短两年时间就研发出了集成电路，从而彻底改变了整个电子行业，甚至整个世界的面貌。更重要的是，仙童公司为硅谷培养了成千上万的技术人才和管理人才，是当之无愧的硅谷"西点军校"。

这八个人离开以后，肖克利的公司就一蹶不振了。1960 年，肖克利被迫卖掉了自己的公司，然后去斯坦福大学当了教授。肖克利到晚年的时候情商依然很低。他写了一篇论文，宣称黑人的智商平均要比白人低 20%。这番言论立刻在全美国掀起了轩然大波。愤怒的黑人学生在校园里焚烧了肖克利的画像。再没有第二位诺贝尔物理学奖得主能拉仇恨拉到这种地步。

仙童半导体公司也没有风光太久。由于和母公司老板之间的矛盾，"叛逆八人帮"又陆续离开了仙童公司，去创办新的企业。苹果公司的精神领袖乔布斯曾经做过一个形象的比喻："仙童公司就像一朵成熟的蒲公英，只要轻轻一吹，创业的种子就会随风四处飘扬。"

"叛逆八人帮"里出了一个特别有名的人，叫摩尔。摩尔离开仙童公司后，创办了一个专门生产半导体芯片的公司，这就是大名鼎鼎的英特尔公司。今天很多手机和电脑里的芯片都是英特尔公司生产的。

摩尔不仅是英特尔公司的创始人之一，同时也是摩尔定律的提出者。摩尔定律是说，当价格不变时，大约每过两年，半导体芯片上所容纳的晶体管数目便会增加一倍。这意味着，一个芯片的计算能力每过两年就会翻一番。也就是说，经过 50 多年的发展，与最早的集成电路相比，现在芯片的计算能力已经提升了两亿多倍。这就是为什么今天区区一个 iPhone 手机的计算能力，就已经超过 20 世纪 60 年代美国人登陆月球所用的全部计算资源。没有摩尔定律，就不会有 Windows、iPhone、YouTube、QQ 和微信，也不会有今天信息时代日新月异的生活。

目前最小的芯片尺寸已经做到不到 10 纳米，也就是 1 米的一亿分之一。照这个速度发展下去，到 2030 年，晶体管就会变得只有一个原子那么大。到那个时候，我们在第一讲中讲过的不确定性原理就会起作用，直接干扰到这些晶体管的运行。也就是说，2030 年以后，或许半导体芯片就会停止发展了。

我们已经讲了两个量子力学的应用：激光和半导体。它们都已经在现实世界里出现很多很多年了。下面我再给大家讲一个比较科幻、还没有出现在现实世界中的应用，叫量子传输。

大家都用过普通的复印机。小朋友们应该都知道，如果有一张照片，或者一张写了字的纸，用复印机都可以复制出一模一样的东西。事实上，在宏观世界，或者说在经典世界中，不管什么东西都可以拷贝。无论是房子、汽车、飞机还是人体器官，利用 3D 打印技术都可以分毫不差地把它们复制出来。换句话说，在经典世界中，我们只需事先准备一堆原材料，然后把一个物体的信息全部复制到这堆原材料里，就可以造出一模一样的东西。

但在微观世界，或者说量子世界中，一切都不一样了。1982年，三位物理学家发现了一个重要的定理，叫作量子不可克隆定理。它说的是，在量子世界里，没有一个东西可以被完全地复制。换句话说，你没办法拷贝像一个电子、一个原子或一个分子那么小的东西。

虽然量子不可克隆定理禁止了微观世界中的拷贝，但它却没有禁止微观世界中的传输。也就是说，在量子世界中，你还是可以把一个微小物体的信息全部复制到一堆原材料里，从而造出一个一模一样的东西。但与经典世界不同的是，原来的物体一定会被破坏掉。最终的效果是，一个物体会突然从自己原来的位置消失；与此同时，另一个地方会突然出现一个一模一样的东西。

所以从理论上来说，人类可以制造出一台量子传输机。当你走到机器里面，机器开动起来时，原来的你会变成一堆垃圾；与此同时，在另外一个星球上，有一台与之配套的机器，里面有一堆物质会突然得到你的全部信息，然后变成你走了出来。如果能掌握这种瞬时的量子传输技术，人类就可以实现科幻电影里常见的空间旅行了。

著名科幻电影《星际迷航》中有一个场景：柯克船长和他的手下走进一个房间，一束光打下来，然后他们就消失不见了，最后又出现在另外一个地方。这个过程就是典型的量子传输：通过一台量子传输机，瞬间把他们传输到其他地方。

历史上票房最高的科幻电影《阿凡达》里传输的就不是一个人的身体了，而是他的灵魂。利用一台棺材似的量子传输机，男主角的灵魂被传输到阿凡达的身体里，让他得以脱离双腿瘫痪的身体，在潘多拉星球上自由奔跑。潘多拉星球的土著后来也利用他们自己的方法，帮助男主角把灵魂永远留在了阿凡达的体内。

其实量子传输已经在真实世界里实现了。1993 年，六位物理学家想出了一个用量子纠缠来实现量子传输的办法。这个办法非常深奥，我们这里就不展开讲了。利用这个办法，一群奥地利的物理学家在 1997 年首次实现了量子传输。不过，他们传输的东西非常简单，只有一个光子；而且传输的距离也很短，只有一个普通实验室的长度。经过近 20 年的发展，今天人类创造的量子传输最远距离纪录已达到 340 公里，相当于从武汉到长沙的距离。也就是说，你把光子放进一台位于武汉的量子传输机里，它就可以穿越时空，瞬间出现在 340 公里之外的长沙。

当然，我们不能高兴得太早。目前人类能一次传输的光子数目最多只有 128000 个。这离传输一个人有多远呢？下面我来简单地估算一下，看人体内大概包含多少个原子。

我们知道，人体的主要成分是水：小孩的身体里大概七成都是水，而大人的身体里大概六成都是水。为了简单起见，我们假设人体内100%都是水。这样算出来的结果，在量级上肯定是正确的。水是由水分子组成的，一个水分子里又包括两个氢原子和一个氧原子，也就是三个原子。通过这样的估算，我们发现一个70公斤的普通人体内大概有7000亿亿亿个原子。这个数字是什么概念？我来简单地说明一下。小朋友们应该都知道银河系。银河系非常大，就连速度最快的光，从它的一头跑到另一头都要花上10万年。但如果我们找7000亿亿亿个1米高的小朋友，让他们头对头脚对脚地躺成一排，那他们连起来就可以绕银河系200多万圈！

目前人类一次能传输的光子数目最多只有128000个。但一个普通人体内却有7000亿亿亿个原子。所以就我们目前的科技而言，不要说瞬间传送一个人，就连瞬间传送一个盒子都是天方夜谭。如果你们听说谁做了量子传输，传输了一个盒子之类的，那一定是假的。

延伸阅读

1. 为什么会有光子和原子？这个问题物理学家并没给出答案，我们只知道，在我们这个世界里，有光子，也有原子。有了光子，这个世界就有了颜色。光子是电磁波的最小组成部分，我们已经将电磁波应用于很多方面。有了原子，才有了地球、行星、太阳和其他很多物质，包括人类。也许在另外一个世界里没有光子和原子，只是在我们的世界里有。

2. 我们的大脑是不是一个量子计算机？意识是不是量子计算的产物？这个问题下一讲会讲。如果是的话，当我们传输人类的时候，主要传输的将是我们的大脑和意识。

3. 终极能源有可能是物质和反物质，但最快也要 200 年以后人类才能对这种能源进行利用。我的乐观估计是，人类在 100 年之内，大概能够实现受控热核聚变，这样的话，我们就可以在地球上造出人造小太阳。

4. 如果人类的大脑是一台量子计算机，我们把一个人的大脑传输到另外一个地方去，在那个地方出现的人应当还是原来的人。因为根据量子不可克隆定理，原来的这个人会被毁灭，而他会出现在另外一个地方。

⑤ 两束激光照在一起时，基本不会发生什么反应，它们只会对穿而过。然而，当我们把它们的亮度调到非常高的时候，两束激光也会发生反应。

⑥ 二极管相当于一个简单的开关，三极管会放大信号。在集成电路里面，放大信号的功能是非常重要的，因此三极管很重要。

⑦ 量子传输不可能达到时光机的效果，不可能让我们回到过去。

⑧ 永动机是不可能实现的，不论依据经典的定理还是量子的定理，都不可能实现。

⑨ 原子核碰撞的时候，多数情况下什么都不会发生，少数情况下会发生核裂变和核聚变。受控热核聚变，是那种可以一直发生的聚变，同时它不会产生剧烈的爆炸。太阳燃烧的过程不是受控热核聚变，而是剧烈爆炸的聚变，但是太阳可以燃烧 50 亿年。

⑩ 反物质和物质湮灭产生能量的效率很高，核聚变效率低一点，但

是反物质非常难以制造。

11 英特尔公司的芯片制造，只是在比分子层次更高的结构上来制造，用激光来做光刻。现在还不存在用到原子核的芯片，也许有一天我们会利用原子核来做芯片。那个时候的芯片已经不是现在的芯片，应该可以叫作量子芯片了。

12 通常，比太阳大十倍以上的恒星，燃烧到最后的时刻，热核聚变停止了，或者热核聚变支撑不了恒星巨大的万有引力，它就会不断地缩小，最后变成黑洞。

13 有人说加速器会产生微小黑洞，这有可能，只是现在还不可能。物理学家发现，如果存在高维空间，那么就有可能产生小黑洞。如果没有高维空间，就产生不了小黑洞。

14 星系是恒星的集合，因此，我们会说一个星系里面有多少颗恒星。我们的银河系里至少有 2000 亿颗恒星，其中有一多半都在发光。这些发光的恒星和我们的太阳很像。

15 在实现量子传输之前，我们不会知道被传输人的感受如何。就像我们做其他任何事情一样，比如在制造出超声速飞机之前，我们不会知道飞行员的感受是怎样的。

16 量子传输应当是忠实的传输——把一个物体传到另一处，得到的新物体和原来的一模一样。能不能改变被传输的人？应该可以，这是实现忠实传输之后下一步的事情。

17 所有的物质里面都有原子核，包括电子产品，但电子产品没有利用到原子核。

18 黑洞是没有特殊外形的，所有黑洞的外形都是由它的质量和旋转所决定的。在质量和旋转确定以后，所有的黑洞都长得一样。

19 如果把我们人压缩到比原子核还小一万亿倍，就会形成一个黑洞，当然此时人已经不是什么生物了。

20 我觉得未来是一个我们无法想象的世界：第一，在 200 年之后，我们很可能制造出反物质飞船。第二，也许大约 100 年之后，我们将制造出量子计算机，也许在那之后 50 年左右，我们就能制造出一个指甲盖大小的量子计算机，它的运算能力是现在世界上所有的计算机加起来都达不到的。

21 我们拷贝了人的主要量子态，其结果跟人的运动状态没有关系，因为我们只是拷贝了人的大脑和肌肉的组成部分。拷贝了肌肉结构和大脑结构，基木上就把我们拷贝下来了，跟运动没有关系。就相当于你今天晚上睡觉，明天早上爬起来时肯定不一样。细节上是不一样的，但是你的肌肉、大脑的结构和组成部分还是一样的。

22 《三体》中出现了神奇的二向箔，将太阳系吸进二维的世界，很壮观。凭借我们现有的物理学理论，还不能把任何东西降低到二维。

23 原子中间有原子核。当原子核和其他原子在一起的时候，原子核要么带走其他原子中的电子，要么会跟原子中的原子核发生反应。具体要看这个原子核离其他原子有多近了。

4

量子计算机和人类大脑

第4讲

我们在上一讲已经和大家讲过量子力学在今天生活中的应用。估计有些小朋友会问："你说量子力学对今天的生活很有用，那它对未来的生活还有没有用呢？"为了回答这个问题，我们先从大家都很熟悉的计算机开始讲起。

今天我们的生活已经离不开计算机了。无论是台式电脑、笔记本电脑还是智能手机，本质上都是一种计算机。小朋友们对计算机应该已经不陌生了，但你们知不知道，计算机是怎么工作的？它的工作原理是什么？

其实计算机很像一台饺子机，它主要由两部分组成。一部分是货架，上面放了一些原材料，比如面粉、水、菜、肉等。另一部分是桌台，我们可以在上面对原材料进行加工处理，比如剁馅、和面、擀饺子皮、包饺子……

计算机的结构与之类似。它里面有一个部分叫存储器，也就是我们常说的硬盘，其功能相当于货架，可以用来存放各种各样的数据。另外还有

台式电脑　　　　笔记本电脑　　　　手机

一个部分叫处理器，也就是我们常说的 CPU，其作用相当于桌台，可以用来对存储器中的数据进行处理。

　　无论是存储器还是处理器，都只是计算机的硬件。要想让计算机真正派上用场，还需要软件，也就是对计算机下命令的指令集。像剁馅、和面、擀饺子皮和包饺子，就是饺子机的指令集。计算机里也有很多指令集，其中最简单的指令是加法，也就是把两个数加在一起。至于减法、乘法和除法，都可以通过加法来实现。举个例子，乘法其实是加法的累积。比如说 1 乘 2，就相当于 1 加 1；1 乘 3，就相当于 1 加 1 再加 1。至于减法和除法，其实是把加法和乘法颠倒过来。有了加减乘除，就可以让计算机做更复杂的事，比如解方程、算微积分、画图、播放视频等。总之，计算机最核心的工作原理就是最简单的加法运算。不管多复杂的计算机指令集，归根结底都是在做加法。

不过在做加法之前，还有一个很关键的问题要解决，那就是用计算机里面的元件来表示数字。说到这儿，可能有些小朋友会觉得奇怪了。表示数字还不简单？用 0、1、2、3、4、5、6、7、8、9 来表示不就可以了吗？答案是不可以。

我们日常计数用的是十进制，其个位数字有十个，分别是 0、1、2、3、4、5、6、7、8、9。9 再加 1，就变成了 10，10 就不能再用一位数，而要用两位数来表示了。也就是说，它前面的十位要变成 1，后面的个位要变成 0。不管在哪个数位，只要到 10，就得往前面进一位，这就是为什么我们管它叫十进制。

但是计算机用不了十进制。为什么呢？因为要想表示从 0 到 9 这十个数字，就必须造出十种不同的电子元件，或者找出电子元件的十种不同状态。

用不了十进制了，那该怎么办呢？科学家自有妙计。他们把十进制换成了二进制。

对二进制来说，其个位数字只有两个，分别是 0 和 1。到 2 了以后，就得往前面的数位进位，所以二进制中的 2 要用 10 来表示。那 3 呢？是

11，也就是把个位数里的 0 再变成 1。而到了 4 以后，就没有办法只用两位数表示了，所以要再加一位数，然后把最前面的数位变成 1，后面的数位都变成 0，也就是变成 100，这就是二进制中的 4。用这种每到 2 就往前面进一位的计数法，我们可以用 0 和 1 把所有的整数都表示出来，这就是所谓的二进制。

对计算机而言，用二进制可比用十进制简单得多。要表示二进制中的两个数字 0 和 1，你只需要找出电子元件的两种不同状态。我们上一讲和大家讲过，半导体二极管可以在电路中充当开关。换句话说，二极管有一个"关"的状态和一个"开"的状态。用"关"来代表 0，用"开"来代表 1，这样就可以在计算机中表示二进制的数字了。一长排的二极管可以表示一个很大的数字，而很多排的二极管可以表示很多数字。换句话说，二极管可以用来存放数据，这就是我们刚才讲过的存储器。

更有意思的是，二极管不但能用来存储数据，还可以帮助我们进行数学运算。想象有一条路，路上有两扇门。我们还是用"关"门来代表 0，用"开"门来代表 1。如果这两扇门都是关的，那这条路就走不通，在数学上就相当于 0 乘 0 等于 0。如果有一扇门是关的，另一扇门是开的，那这条路还是不通，相当于 0 乘 1 等于 0，或者 1 乘 0 等于 0。但如果这两扇门都是开的，那这条路就通了，相当于 1 乘 1 等于 1。因此，用二极管的开关状态可以很轻松地实现乘法运算。换句话说，如果在一块电路板上集成很多个二极管，就可以用来对数据进行运算，我们刚才讲过的处理器就是这样的。

现在我们知道，计算机的两大核心部分——存储器和处理器，都是用半导体二极管做出来的。我们上一讲说过，量子力学的一个最重要的应用就是制造二极管。所以如果没有量子力学，就不会有计算机了。

讲完了计算机的工作原理，下面我们来聊聊计算机的发展历史。在人类发明计算机的过程中有一个最重要的人物，他就是计算机之父图灵。

大家知道，这世界上有很多大奖，用来表彰某个领域里最杰出的人。比如，对电影演员和导演而言，世界上最大的奖是奥斯卡奖；对流行歌手和词曲作者而言，世界上最大的奖是格莱美奖；对新闻记者和编辑而言，世界上最大的奖是普利策奖；而对基础科学家和经济学家而言，世界上最大的奖是诺贝尔奖。那小朋友们知不知道，对计算机专家而言，世界上最大的奖是什么呢？答案是图灵奖。这个奖就是为了纪念我们刚才提到的图灵而设立的。

图灵可能是人类历史上最传奇的科学家之一。他开创了计算机这门学科，因而被后人称为"计算机之父"。他指出未来的计算机能像人类这样思考，所以也被人们称为"人工智能之父"。此外，他在数学、物理学、化学、生物学、逻辑学、密码学甚至哲学领域也做出了很大的贡献。不过我不打算给你们讲图灵的学术成就。我想给你们讲几个图灵的故事。

图灵在剑桥大学读书的时候，有花粉过敏的毛病。但他却不愿意吃药，因为他觉得那些药让他昏昏欲睡，会影响到工作。所以每到春暖花开的时候，他便会戴上一个防

● 图灵 ●

毒面具，以防止吸入花粉。此外，他总是骑一辆旧自行车上课。那辆车经常掉链子，而图灵又懒得修理。他发现只要骑到一定的圈数，链子就会掉下来，所以每次骑车时他都计算着圈数，在链子将要掉下的瞬间刹车，倒一下脚蹬，然后上车再骑。因此，每年春天，剑桥大学的师生都会看到一个戴防毒面具的怪人，骑着一辆破自行车在校园里走走停停。

二战时，德军的飞机经常轰炸伦敦。英国人都很害怕，纷纷取出银行存款放在家中。图灵也不例外，他将所有存款兑换成两个大银锭，埋在一个很隐秘的地方，还画了一份藏宝图，打算等战争结束后再去寻宝。没想到经过德军的狂轰滥炸，许多藏宝图上的参照物都消失了，他后来费了很多工夫也没找到原来的藏宝地点。不甘心的图灵自制了一台金属探测器，在藏宝地点周围不停地搜来搜去，但最后还是没找到自己埋的银锭。

虽然图灵为这个世界做出了很大的贡献，但是他最后的命运却相当悲惨。图灵是一个同性恋者。这在当时的英国是有罪的。1952 年，图灵喜欢上了一个 19 岁的青年。但这个男生品行不端，跑到图灵家偷了不少财物。图灵报警后，警方逮捕了这名小偷；但在审讯的过程中，图灵的同性恋身份被揭发出来，结果他也被法院宣判有罪。法官给了他两个选择，一个是蹲监狱，另一个是接受强制治疗。为了避免因坐牢而耽误自己的研究，图灵无奈地选择了后者。他被迫接受所谓的"化学阉割"，也就是女性激素的注射，这令他感到非常屈辱，也非常痛苦。

1954 年，不堪其辱的图灵自杀了。他像白雪公主一样，咬了一口含有剧毒的苹果。这个 24 岁就提出计算机设计构想的天才，在 41 岁时英年早逝。后来，据说为了纪念他，苹果公司就把自己的商标设计成一个被咬了一口的苹果。

图灵　　　　　　　　乔布斯

　　人类历史上的第一台通用计算机，叫 ENIAC，是 1946 年造出来的。它体积巨大，长约 30 米，宽 1 米，高 2.4 米。以今天的眼光来看，这个大小几乎有一栋豪宅那么大了。它里面有 17468 根真空管，7200 根二极管，1500 个继电器，70000 个电阻器，10000 个电容器，6000 多个开关，总重

● ENIAC 计算机 ●

量约 27 吨。这台计算机每秒钟可以做 5000 次加法或 400 次乘法，比今天最差的计算机还要慢很多，但在当时已经是世界上最先进的计算工具了。它的耗电量很大，每小时耗电 150 千瓦。150 千瓦是什么概念？相当于 75 台挂式空调一小时的总耗电量。它的总造价高达 48 万美元，这在当时可以买 500 多公斤的黄金。

我们来简单了解一下计算机的发展历史。第一代计算机叫电子管计算机，因为是用电子管做出来的。1946 年至 1957 年是电子管计算机的时代。

● 晶体管计算机 ●

这种计算机又大又笨重，运算速度也很慢，而且造价还特别贵。

第二代计算机叫晶体管计算机。我们在上一讲里讲过，晶体管是贝尔实验室的三位物理学家发明的。晶体管计算机的时代是 1958 年至 1964 年。与第一代计算机相比，这种计算机的运算速度有了大幅的提升，其制造成本也大大降低。

第三代计算机是用中小规模的集成电路做出来的。大家应该还记得，集成电路是硅谷的"叛逆八人帮"做出来的。1965 年至 1970 年是这种电脑的时代，不过一直到我大学毕业的时候，国内还有人在使用它。那时候我们管它叫打孔机，因为要想往里面输入数据，就必须在一条纸带上打很多孔，然后把这条纸带放到计算机里面，让机器读。

第四代计算机是用大规模和超大规模集成电路做出来的。这种电脑从 1971 年以后开始普及。我在 20 世纪 80 年代中期出国的时候，用的就是这种电脑。它已经不再读打孔纸带，而是读磁盘了。

小朋友们一定对我们今天常用的台式电脑非常熟悉了。与以前的电脑相比，现在的电脑变得更加小巧，但计算能力却有了巨大的提升。举个例子，一台普通的个人电脑，它的计算能力已经超过了 20 世纪 60 年代美国 NASA（美国国家航空航天局）把宇航员送上月球所使用的计算资源的总和!

曾经世界上运算速度最快的计算机叫天河二号。它是由中山大学管理的一台超级计算机，运算速度最高可以达到每秒钟 5.5 亿亿次。换句话说，天河二号 1 秒钟之内完成的计算量，相当于所有中国人都拿着计算器，持续不断地算上 100 多天！目前天河二号上运行着很多计算程序。我们组的一些科研工作，就是在天河二号上做的。

刚才我给大家讲的计算机都是经典计算机。为什么叫经典计算机呢？因为尽管它们的核心电子元件都是用量子力学做出来的，但是它们的工作原理依然满足经典力学。接下来我要给大家讲量子计算机，它的工作原理满足的是量子力学。老实说，量子计算机目前还处于非常初级的阶段，人类距离建造出一个通用的量子计算机还有很长的路要走。

我们刚才说过，通用计算机不仅可以做加减乘除，还可以做很多其他的事，比如展示图片、传递声音、播放视频等。在解释量子计算机所利用的量子力学原理之前，我们先来回顾一下：经典的通用计算机最基本的功能是什么？

我们前面讲过，经典计算机包括存储器和处理器两大部分，它们最基本的元器件都是二极管。二极管的主要功能是开和关。大家可以把开和关分别理解成"对"和"错"。所以,经典计算机最基本的功能就是判断"对"和"错"。一个经典的二极管,要么就是 100% 的开,要么就是 100% 的关,不会有第三种可能。

可是量子计算机就不一样了。我们在第一讲中讲过不确定性原理,说一个微观粒子可以既出现在一个地方,同时又出现在另外一个地方。与之类似,一个量子计算机中的元器件,也可以既处于开的状态,同时又处于关的状态。比如,它可能 50% 是开的,50% 是关的;也可能 30% 是开的,70% 是关的;还可能 45.5% 是开的,54.5% 是关的。总之,最后加起来总共是 100%。当然,这与我们的日常生活经验完全不符。不过在量子力学里,这就是世界的本来面目。

这种奇妙的状态很像是著名的"薛定谔的猫"。到底什么是"薛定谔的猫"?下面我就给大家解释一下。

想象有一个密封的盒子,里面关了一只活着放进去的猫。盒子里还有一个玻璃瓶,里面装满了毒气。玻璃瓶上方有一个锤子和一个装了放射性元素的装置。我们以前讲过,放射性元素就相当于一个不稳定的原子核,它随时都可能衰变,也有可能一直不衰变。如果放射性元素衰变,那么锤子就会掉下来砸破瓶子,从而放出毒气杀死猫;如果放射性元素不衰变,

锤子就不会掉下来，猫也不会死。

　　所以，猫是死是活，完全取决于放射性元素有没有衰变。至于它是否会衰变，则完全取决于量子力学。也就是说，它衰变的可能性有 50%，不衰变的可能性也有 50%。这意味着，猫有 50% 的可能是死的，也有 50% 的可能是活的。在打开盒子之前，你无法确定猫的死活。换句话说，在打开盒子之前，猫其实处于一种50%活着和50%死掉叠加的状态。这就相当于我们刚才提到的量子开关，它可以既是开的，同时也是关的。

这个巧妙地把量子力学和我们日常生活联系起来的思想实验，是由著名奥地利物理学家薛定谔提出来的。他和我们前面提到的海森堡一样，都是量子力学的奠基人。

● 薛定谔 ●

薛定谔从小就特别聪明。他没有上小学，直接就上了中学。在中学里他也是个学霸。他的老师要是遇到自己不会做的题目，就会把薛定谔叫到讲台上来救场。薛定谔后来成了一位物理学家，但他对生物学也很感兴趣。他曾经写过一本书，叫《生命是什么》。在这本书中，他尝试从物理学的角度来解释复杂的生命现象。这本书影响极其深远，有6位诺贝尔奖得主都声称，他们获得诺奖的工作受到了这本书的启发。

我们刚才已经讲过，薛定谔是量子力学的奠基人之一。他发现了量子力学中最核心的方程，也就是所谓的薛定谔方程，从而获得了 1933 年的诺贝尔物理学奖。也正是通过薛定谔方程，物理学家们发现，在量子世界中，粒子可以同时存在于很多地方。我们说"薛定谔的猫"处于 50% 活着和 50% 死掉叠加的状态，其根源就在这里。这被称为量子力学的哥本哈根解释。为什么叫哥本哈根解释呢？因为持这种观点的科学家的领袖就是哥本哈根大学的著名物理学家玻尔。但有意思的是，由于这个物理观点实在太过离奇，薛定谔后来居然加入了反对它的阵营。这一点很像爱因斯坦。爱因斯坦由于发现光电效应而获得了 1921 年诺贝尔物理学奖，并被誉为量子论的先驱之一。但爱因斯坦非常讨厌哥本哈根解释，为此还留下了一句名言——"上帝不会掷骰子"。薛定谔也是如此。为了反对哥本哈根解释，他提出了著名的思想实验"薛定谔的猫"。薛定谔的本意是用它来揭示量子力学的荒谬之处。没想到的是，后来"薛定谔的猫"不但没有驳倒哥本哈根解释，反而还为它的传播做了最好的宣传。

我们刚才讲了，量子计算机的主要元件是一种奇特的开关，它可以同时处于开和关叠加的状态。但为什么有了这种开关，量子计算机就会变得特别厉害呢？我用下面这张图给大家解释一下。

这是一张迷宫图，起点在上方，终点在下方。每次遇到岔路口的时候，我们都有两条路可以选择，其中一条路是通的，另一条路是不通的。通就相当于开，不通就相当于关。正常情况下，我们走完这条迷宫需要花很长时间，因为我们无法事先知道哪条路通、哪条路不通，所以只好一条一条去试。

但如果这个迷宫是量子的，那情况就大不相同了。走到一个岔路口的时候，我们有50%的机会选到那条通的路；而走到下一个岔路口的时候，我们又有50%的机会选到那条通的路。这样我们就可以直接找到那条通的路。换句话说，我们可以在一定的时间里，同时走完这个迷宫中所有的路，其中肯定有一条路是通的。所以走量子迷宫比走经典迷宫要快得多，因为你可以一次走完所有的路。这就是为什么量子计算机比经典计算机要快得多。

　　右面这张照片中是量子计算机的提出者、著名物理学家费曼。他写了一本很有名的传记，叫《别闹了，费曼先生》。这本书非常有趣，推荐给大家看看。

　　费曼的逸闻趣事可谓数不胜数。他很喜欢打鼓，还专门在巴西的一个乐队里学习过。回到美国后，他加入了一个艺术家的团队，并参加了一个规模很大的音乐比赛。费曼所在的乐队一路过关斩将，最终拿到了比赛的亚军。但他们的队长很不甘心，跑去找评委，问为什么不给他们冠军。评委回答："你们队的鼓手太差了。"

● 费曼 ●

　　费曼是一个有名的天才。他曾经利用业余时间与朋友合开过一个搞电镀的公司。这个公司总共只有三个人，其中一个人负责财务，另一个人负责销售，而费曼则负责研发。他们做出了一种很棒的新产品，并把它拿到

一个大型的国际展销会上宣传，结果大受欢迎。多年以后，费曼遇到了一个英国电镀公司的老板，和他聊到了在那次展销会上大出风头的费曼公司的产品。费曼就问这个英国老板："你觉得生产出这种产品的公司总共有多少研发人员？"英国老板回答："估计得有 100 个。"费曼听完后笑着说："不，只有一个。而这个人现在就坐在你的面前。"

不过即使像费曼这样的天才，也有被人戏弄的时候。有一次，费曼被钢卷尺打到了手，疼得厉害。正巧著名物理学家奥本海默路过，就对他说："你的握法不对。"接着奥本海默就向费曼演示了一下玩卷尺的技巧。他的动作潇洒自如、干净利落，把费曼迷得不行。所以接下来的两星期，费曼无论走到哪儿都要练习玩卷尺。最后费曼的两只手都被卷尺打得流血了，他只好跑去问奥本海默："怎么玩卷尺才能让手不被打疼？"奥本海默当时正在做计算，头也不抬地回答："谁说我不疼啊？"

我们前面说过，量子计算机与经典计算机最核心的区别是，量子计算机基本元件构成的开关可以既是开的，同时也是关的。换句话说，它可以同时表示 0 和 1 这两个数字。这样的量子开关被称为量子比特。

我们来看看普通计算机和量子计算机的计算能力有多大的差别。一个经典开关，它能存储的数字只有 0 或 1，存了一个就不能再存另一个；也就是说，一个经典开关一次只能表示一个数字。而一个量子开关，它有 50% 的概率存储 0，还有 50% 的概率存储 1，存了一个后还能再存另一个；换言之，一个量子开关一次就可以表示 0 和 1 这两个数字。如果是两个经典开关，一次还是只能表示一个数字；但如果是两个量子开关，一次就能

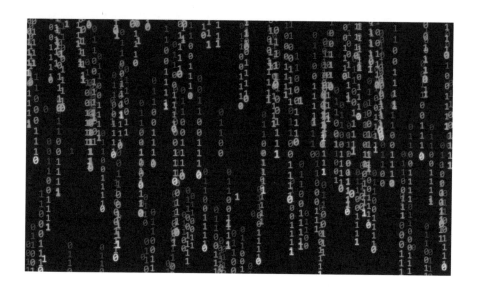

表示 00、01、10、11 这 4 个数字。依此类推，随着开关数的增加，经典系统一次表示的数字依然是一个，但量子系统一次表示的数字将会以指数的方式快速增加。这个增加的速度有多快呢？举个例子，当量子开关数达到 20 的时候，它一次能表示的数字就会超过 100 万。这就是为什么量子计算机的计算能力会如此强大。

今天，人类还没有制造出真正意义上的量子通用计算机。但如果有朝一日，我们真的能把量子计算机制造出来，那会对整个世界产生怎样的影响呢？一个与我们日常生活息息相关的影响是，我们目前用的所有密码，比如邮箱密码、QQ 密码、银行卡密码，都将变得不再安全。这是因为破解密码的过程其实就是解一道数学题。这道数学题很难解，就算用天河二号这样的超级计算机来计算也要花上好几百年，所以我们的密码目前还是很安全的。但要是用量子计算机，只需要几秒钟就可以把数学题解出来，而密码自然也就被破解了。不过小朋友们也不必太担心。等到真有量子计

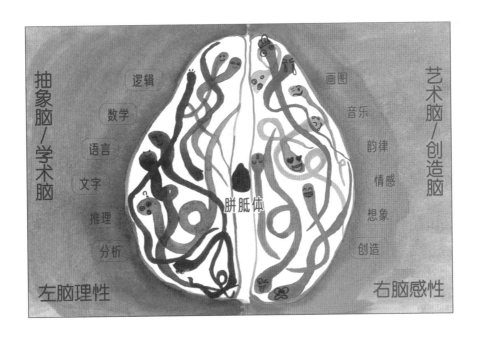

算机的时候，科学家们也会用量子计算机来编出新的密码，这些新密码就不会被破解了。

现在到了这节课的最后一个话题，也就是人类大脑。人类大脑有着我们目前所知的宇宙中最复杂的结构。但目前的脑科学研究表明，人类大脑其实很像一台计算机。它也有存储器和处理器，其中存储器是帮助我们记忆的，而处理器是帮助我们思考的。那么人脑的最基本单元，也就是它的开关，是什么呢？答案是神经元。

下面我给大家看几张神经元的图。第一张图是一个单独的神经元。可以看到，神经元的中间像一个复杂的开关，而外面的部分则像很多根接出来的电线。

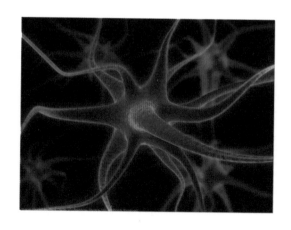

第二张图是几个神经元连在一起的样子，盘根错节的，像一个小规模的集成电路。

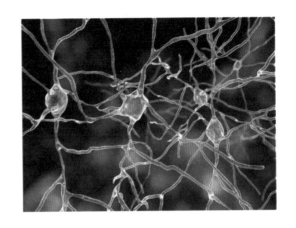

大脑非常复杂，像一个超大规模的集成电路。那么人脑中有多少个神经元呢？大概有 860 亿个。神经元是可以放电的。而大量神经元一起放电时就会向外辐射脑电波。右面就是科学家测到的一些脑电波的常见形状。

我们已经看到，人类大脑很像一台计算机。那么问题来了：它到底是一台经典计算机，还是一

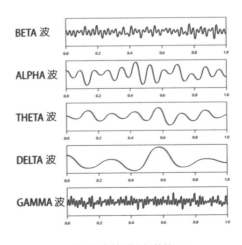

● 脑电波的常见形状 ●

● 彭罗斯 ●

量子计算机？换言之，神经元到底像普通的二极管，还是像神奇的量子开关？这个问题的答案目前还不能确定。不过著名的英国数学家、物理学家彭罗斯坚信，人类大脑应该是一台量子计算机。

如果小朋友们看过霍金的《时间简史》，就不会对彭罗斯感到陌生了。他是牛津大学的教授，曾经和霍金一起提出了著名的奇点定理。有一次，他去荷兰的阿姆斯特丹参加国际数学家大会，顺便参观了一个当地的画展。他在画展上看到了一位荷兰画家的作品，画的都是一些现实中无法出现的奇怪建筑。彭罗斯对这些画着了迷，所以他回到英国后，也开始画一些特别荒诞的几何图形。彭罗斯的爸爸也是一位有名的科学家，他也被这些画打动了，所以就和儿子一起画一些不可能存在的建筑。后来父子俩把他们的作品发表在一个心理学杂志上。这些作品中有一个特别有名的建筑，就是下图中的"彭罗斯阶梯"。

　　彭罗斯阶梯的特点是，如果你沿着台阶一直往上走，最后会回到原来的出发点。换句话说，你感觉自己是在一直向上爬楼梯，实际上却是在原地打转。后来有很多艺术作品都用到了这个奇妙的几何图形。比如，好莱坞大片《盗梦空间》中就有两个场景使用了"彭罗斯阶梯"。

彭罗斯认为，人脑神经元中存在着很多微管，这是一种由蛋白质构成的很细的管子。类似于微观粒子，微管也遵循量子力学。换句话说，微管就是一种量子开关，可以同时处于开和关两种状态。彭罗斯还进一步指出，量子计算机能同时探索问题的多个答案，就像它能同时搜索迷宫里的多条道路一样，而这恰好可以解释人脑的一些特殊能力。但后来的研究表明，微管很难维持这种满足量子力学的状态，而是会很快地退化成一种经典的物体。所以后来有人笑话彭罗斯，说他这个理论的可靠程度大致相当于仙女用的魔法金粉。

最近，美国加州大学一位叫费舍尔的物理学家发现，人脑中还有另一种物质可以实现量子开关，那就是磷原子。费舍尔指出，在浸泡脑细胞的体液中，有一种磷酸钙的分子。由于含有磷原子，这种分子同样能充当量子开关。更关键的是，与彭罗斯的微管不同，这种磷酸钙分子能够长时间地维持满足量子力学的状态。如果费舍尔是对的，那人脑中可能确实存在着量子开关，换句话说，我们的大脑的的确确是一台量子计算机。

最近我碰到一位叫瑟夫的认知科学家，他获得了第五届"菠萝科学奖"，然后来到杭州演讲。在他演讲之后，主办方安排了一个我和他的对谈。我就问他："你认为人类大脑到底是不是一台量子计算机？"他回答说：

"每当一种复杂事物出现的时候，我们总是觉得人脑像它。比如，当互联网出现的时候，我们就觉得人脑像互联网；当量子计算机出现的时候，我们就觉得人脑像量子计算机。如果将来出现了某种更复杂的事物，我们也会觉得人脑像这种更复杂的东西。"所以说，人类大脑才是这个世界上最大的奥秘。

延伸阅读

① 我倾向于认为人脑是很复杂的，而且我非常同意瑟夫对我提出的问题的回答，就是说人脑一定比我们现在发明的任何机器都要复杂。如果我们能发明量子计算机，那么人脑肯定会像量子计算机，因为自然界中只要有一种东西可以利用，我觉得人类就会将它利用起来。

② 我们经常觉得我们的决定出自自己的意志，可是有人觉得我们的决定其实是我们受环境影响做出的，这就是著名的自由意志难题。我相信我们有自由意志，因为量子力学是不确定的，也就是说我们做出的决定不一定是确定的。这非常好，这样就给我们未来的可能性提供了很多种选择。

③ 我觉得人类的大脑就是一个小宇宙，甚至某种意义上比宇宙还复杂，因为它会连成一个网络，而宇宙的星系和星系之间，未必能连成一个网络。

④ 人类大脑中有个丘脑。丘脑是更加原始的脑，也就是原始动物的那种脑，它能记得更加原始的情绪，如恐惧、高兴。尽管丘脑不

高级，但它很重要。如果一个人走在大街上，一副天不怕地不怕的样子，我猜他十有八九是没有丘脑（开玩笑）。

⑤ 人类的大脑有很多层次，最先进的就是大脑皮质，它进化到今天，已变得非常复杂。我问过瑟夫什么样的动物会做梦，他说并不是所有的动物都会做梦，猴子大概会做梦，但猴子的梦没有人类的梦那么复杂、那么多。

⑥ 量子信息学家郭光灿预言 40 年以后就会有通用量子计算机，那个时候，量子计算机会像现在的智能手机一样，风靡全世界。我个人认为，没有量子计算机，就没有真正的人工智能。真正的人工智能像人一样，具有情感，能够做出模糊的判断。很多事情是必须用到量子计算机的。

⑦ 量子计算机运行功能强大，如果我们想模拟整个宇宙，就需要用到它。它会利用所谓的量子比特，很多原子、原子核最原始的状态就是这种状态，自然界中存在很多这种东西，所以必须用到原子核、光子，而不是非常大的二极管。

⑧ 普通计算机里的元件肯定不是量子比特，因为二极管的状态都是经典的，都是确定的开或关。

⑨ 人类的逻辑思维，纯粹从速度上来讲，当然赶不上天河二号。但是人类的思维方式不同于普通计算机，所以不能纯粹用速度来比较。对普通计算机来说，你给出一个指令，它给出一个确定的结果，人类则不同，你很难判断一个人会如何回答你的指令。

⑩ 量子计算机要想变得和人类大脑一样，可能要复杂到一定程度才行。人类大脑有 860 亿个神经元，所以你可以想象，量子计算机需要多少量子比特才能成为一台有意识的机器。

⑪ 如果把人的大脑看成一台量子计算机的话，我觉得整个人类社会就是一台高级量子计算机，因为它把很多台量子计算机串起来了。其实如果人类大脑真的就是量子计算机，我们也制造不出其他量子计算机来了。如果要制造出功能强大的量子计算机，就要把我们人类结合起来。

⑫ 通用量子计算机其实不用很大，只要 150 个量子比特，我觉得就已经很厉害了。它的特点是什么事情都可以做，不仅仅是加法或者减法。可能几十个量子比特就可以了。

⑬ 一旦有了量子计算机，将人的意识上传就可能会实现，那时人类会不会实现永生？这是一个比改变人类基因更大的问题，它涉及伦理、道德等人类社会的各个方面。

5

B

T > T_c

神奇的量子态

第5讲

　　我们知道量子现象一般是微观的，也就是说我们用肉眼看不见，前面几讲主要是在谈微观层面的事，只有激光除外，它是我们看得到的。那么，在这一讲中，我们会从微观来到宏观，讲一些我们能用肉眼观察到的现象，比如超导和超流现象。

　　一般来说，关于超导和超流现象的实验对技术的要求都很高，但有一个实验是相对日常一些的，那就是"迈斯纳效应"。我们在网上可以搜到一些展示"迈斯纳效应"的视频，这些视频的内容大概是这样的：在画面中，实验人员将一个超导陶瓷放置在一块磁铁上面，然后将一瓶液态氮浇在超导陶瓷上面，很快我们就看到一个神奇的现象——这个超导陶瓷飘起来了，你可以用工具翻滚这个陶瓷，但无论陶瓷如何打滚，它都一直飘在空中，直到陶瓷的温度上升到一定程度。

　　视频看到这里，你一定会问，到底发生了什么？为什么将液态氮倒在超导陶瓷上面，它就会飘起来呢？简单扼要地回答你，就是：当超导陶瓷的温度在液态氮的作用下下降到一定程度时，它就进入了一种特殊的状态，叫超导态，处于这种状态的物体叫超导体。将一个超导体放在一块磁铁上面，超导体里面会产生电流，这些电流的产生是为了抵消磁铁的磁场。但是，我们知道，处于磁场中的电流会受到力，这个力会克服地球对超导体的引力，超导体就飘起来了。还有一种情况如下图，将一块小磁铁放在超导陶瓷上面，然后冷却下面的超导陶瓷，上面的磁铁也会飘起来。

● 迈斯纳效应 ●

这两种现象的原理是一样的，都是超导陶瓷内部产生电流以抵消外来的磁场。那么，为什么会产生电流呢？是因为陶瓷变成了超导体。我们接着问，陶瓷为什么会变成超导体呢？要回答这个问题，就让我们回到 20 世纪上半叶，看看科学家是如何发现超导现象的。

　　20 世纪初，当很多物理学家热衷于研究和放射性有关的物理现象时，荷兰物理学家卡末林·昂内斯却对如何制造低温感兴趣。我们知道，制造

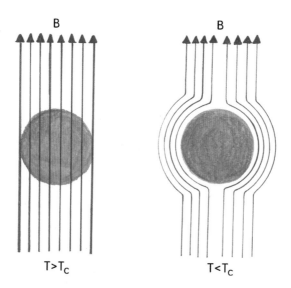

● 温度低于临界温度时，磁力线会被排斥在外 ●

低温不是一件容易的事情，最直接的办法是将气体冷却，即便如此，这也是一件困难的事情。

拿我们熟悉的例子来说，水在普通情况下烧到 100 摄氏度时会变成水蒸气，反过来看，将水蒸气冷却到 100 摄氏度以下，它就会凝结成液态水。普通空气呢？我们一般看不到普通空气变成液体的情况，哪怕在东北的极端严寒条件下也看不到。这是什么原因呢？另一个荷兰物理学家范德瓦耳斯在 19 世纪下半叶就弄清楚了，气体中的两个分子如果靠得很近，会产生一种排斥力，这种排斥力会让气体中的分子一直保持运动，除非我们能够将温度降得更低。所以，空气的温度要降到零下 200 摄氏度左右才会凝结成液体。

科学家如何将空气的温度降低呢？基本是两步走的方法，第一步是压缩空气，压力越大，一个瓶子里能够压缩进的空气就越多；然后是第二步，让被压缩的空气膨胀，空气在膨胀的过程中会放出热量，这样便达到了冷却空气的目的。反复进行这两步，空气的温度就会一步一步被冷却到凝结成液体的温度。其实这种冷却空气的方法很像我们家里的电冰箱和空调这两种电器运用的冷却方法。

虽然现在液氦还不是很常见，但液氮已经比较常见了。你见过有人用液氮制造冰激凌吗？我不但见过，还吃过，它味道不错，也没有什么新奇之处。液氮罐可以从网上买到，眼下，我去网上看了一下，一个含有 10 升液氮的罐子卖几百块，还算不贵哟。那么，你可能要问了，为什么液氮便宜而液氦就贵呢？

原因很简单，与氮气相比，氦气要到更低的温度才能凝结成液体。在给氮气降温让它凝结成液体时，当温度达到零下 195.8 摄氏度时，氮气就变成液态氮了。我觉得换一个说法比较方便，就是暂时放弃摄氏度，改用绝对温度。

● 开尔文勋爵 ●

绝对温度是什么意思呢？物理学中有一条定律，任何物体，无论你用什么办法降低它的温度，它能达到的最低温度是零下 273.15 摄氏度。一个物体到了这个温度，它里面的分子和原子就不动了，这也是这个温度是最

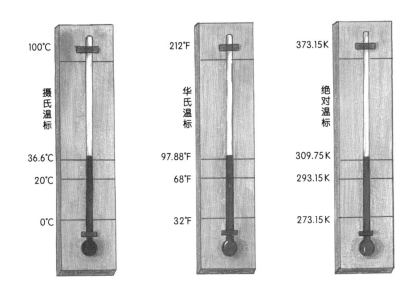

● 摄氏温标、华氏温标和绝对温标 ●

低温度的原因。英国物理学家开尔文发现了这个最低温度，1848 年，他在一篇题为《关于一种绝对温标》的文章中提议以这个最低温度为 0 度重新计量温度，在这个温度以上，每上升一度就算一度，这种温度现在通行的叫法是绝对温度。为了纪念他，绝对温度的单位就被定为开尔文，比如，零下 273.15 摄氏度就叫作 0 开尔文，而零下 272.15 摄氏度自然就是 1 开尔文了。与之相应，水在一个大气压之下烧开的温度是 373.15 开尔文，当然这个温度同时也是水蒸气变成液态水的温度。

绕了一圈，让我们回到液态氮和液态氦上。现在，我们可以这么说，将氮气的温度降到 77.35 开尔文，氮气就会凝结成液体。与之类似，将氦气的温度降到 4.2 开尔文，氦气也会凝结成液体。前面我们说到荷兰物理学家昂内斯，他是第一个将氦气凝结成液体的人，他也因这个成就获得了 1913 年的诺贝尔物理学奖。我们知道，大气中的氮气最多了，所以空气就是制造液氮用之不竭的源泉，同样，要制造液氦，我们首先要收集氦气，这可不容易，因为大气里几乎没有氦气，工厂里最常用的方法是利用含有氦气的天然气——将它反复液化再蒸馏，才能得到纯氦。

得到纯氦后，科学家需要设法将氦气的温度降到接近 4 开尔文，才能得到液氦。昂内斯就是第一个制造出液氦的人，他是在 1908 年获得液氦的，然后他和助手利用液氦将很多金属的温度降低，1911 年，他们发现将水银的温度降到 4.2 开尔文以下时，水银的电阻就消失了，电流在去掉电压的情况下不断地在水银制成的回路中流动，这就是我在这一讲开头说的超导。液氦应该很贵，反正网上买不到。

在解释超导之前，我们先谈谈超流，因为超流的效应肉眼可见。我们知道，不论液体还是气体，一般都有所谓的黏滞性，方便起见，以后我们

● 中间流得快、两边流得慢的小溪 ●

将气体和液体统称为流体，因为它们都会流动。那么，流体的黏滞性是什么意思呢？如果一部分液体流动起来，它们会带动周围的流体流动起来，这是因为流体是黏的。水有黏滞性，这一点我们在日常生活中可以观察到。

当我们来到一条流动的小河边，观察流水，我们会发现，远离河边的水流动得快一点，越接近河边水的流速就越慢，而紧贴着河边的水其实是不动的。可以用下面这个道理来解释我们看到的现象：河中心的水的流动带动了靠近河边的水流动，这是因为水的黏滞性，但由于河边的泥土是不动的，同样因为黏滞性，河边的水也就不动了。

黏滞性还可以用来解释一个常见的现象，如果你们家有电风扇，你会发现电风扇用久了，扇叶上面就会积一层薄薄的灰。你可能会问：风扇不是常用吗？为什么风扇转动起来，风没有带走扇叶上的灰呢？其实原因也在于黏滞性，因为空气也有黏滞性，即使风扇扇出了风，但这个风在接近风扇时其实是不流动的，因此它也就不会吹走灰尘了。

　　到了 20 世纪 30 年代，物理学家发现，如果进一步降低液氦的温度，一直降到 2.17 开尔文，本来还活泼泼的液氦突然变安静了。这是因为液氦进入了超流状态。超流态实验很简单，就是一直降低温度，但物理学家花了好久才理解为什么有超流现象。

　　什么是超流呢？就是液体完全失去了黏滞性：如果一条小溪里面流的是超流体，那么靠近岸边的超流体的流速也不会降低。当然，物理学家不会奢侈到将低温液氦倒进小溪里。第一个发现超流现象的苏联物理学家卡皮查将液氦放进直径只有 0.1 微米的毛细管里，发现液氦还是在自由自在地流淌，这说明液氦对毛细管的管壁没有表现出任何黏滞性。大家如果有兴趣，可以去网上搜搜超流的其他有趣现象，比如喷泉效应。下页的图就是一碗超流液氦，液氦可以沿着碗边向上爬再滴下来。

　　那么，物理学家是怎么解释超流的？其实到了最后，理论很简单，在

● 一碗超流液氦 ●

超流状态中，液体里的所有原子都处于同一个量子态。比如，一个氢原子里的电子就处于量子态。氢原子里的电子有很多不同的量子态，如果电子的能量大一些，它在氢原子里的雾状分布区域就大一些，也就是你在氢原子里看到的电子的范围就大一些。最低的能量状态叫作基态，一般来说，如果你将氢原子放在那里不动它，里面的电子会自动跳到基态上，同时放出一个光子。现在，我们原则上可以理解超流液氦里面的原子为什么都跳到基态上了，因为当我们降低液氦的温度时，里面的原子的运动速度就会变小。其实液氦也是这样来的，温度超过 4.2 开尔文时，氦原子运动的速度比较高，所以就处于气体状态，当液氦的温度在 4.2 开尔文以下时，氦原子运动的速度就降低了，使得氦原子彼此靠得很近，这时原子之间的吸引力就出现了。继续降低温度到 2.17 开尔文以下，氦原子就可以同时处于基态。

大家还记得我们在第二讲中讲到的泡利不相容原理吗？说的是电子不可能同时处于同一个状态。不过，泡利不相容原理只能拿来限制电子，以及和电子类似的粒子，这些粒子统称为费米子，这类粒子的自旋是半整数。

啥？自旋是啥？对了，我们好像还没有说过粒子自旋的现象。其实说白了，自然界中的每一个粒子，不论是电子还是原子，都会自转，很像陀螺。而且，粒子的自转永远不会停，这也很神奇。电子的自旋是半整数，也就是说，如果用一个固定的单位来衡量它的自旋，结果会是半整数倍。物理学家将这类粒子称为费米子，如果一个粒子的自旋是这个固定单位的整数倍，物理学家就管它叫玻色子。玻色子不遵守泡利不相容原理，理由比较深奥，我们暂时就不谈了。现在我们只需要知道，用来制造液氦的氦原子的自旋是0，也是整数倍，因此氦原子是玻色子。当你将液氦的温度降到2.17开尔文以下时，氦原子立刻同时跳到同一个量子态，也就是氦原子的最低能量态，这是液氦突然变得安静的原因。

其实粒子同时处于一个量子态的情况前面我们已经遇到过了，不是别的，正是激光。一束激光里面的光子的状态都是一样的，它们的振动频率是一样的，它们的步调也是一样的。从激光这个例子，我们就容易理解为什么同时处于一个量子态的液氦会处于超流状态了，因为所有氦原子必须是一样的，如果一些氦原子以一个速度运动，其余氦原子也必须以同样的速度运动，要改变速度，就得改变状态，这反而需要能量。换一个角度看问题，当所有氦原子处于一个量子态时，它们之间就很难发生碰撞，而从微观来看，黏滞性就是原子碰撞的结果。

前面说了，超导现象在1911年就被昂内斯和他的助手发现了，但是人们有很多年都无法解释超导现象，反而是比较晚发现的超流现象先被物理学家解释了。为什么超导现象很难解释呢？原因很简单，导体导电其实是因为电子在流动，那么，电子是否像液氦中的氦原子一样，能同时处于一个量子态呢？聪明的小朋友马上就会说，不可能！因为电子是费米子，必须遵守泡利不相容原理，它们自然就不可能同时处于同一个量子态。

1990 年，我从丹麦到美国加州大学圣塔芭芭拉分校做博士后，遇到了一位著名物理学家，叫罗伯特·施里弗。我为什么突然在这里提到他呢？因为他就是发现超导理论的三位物理学家之一。这三位物理学家分别是：约翰·巴丁、利昂·库珀和罗伯特·施里弗。

我必须承认，尽管我十分景仰施里弗，但是在圣塔芭芭拉的两年中我和他说过的话不超过三句，其中有两句是我带着小女儿在系里的电梯中遇到他时说的，当时他抱着一个装着很多材料的盒子，因为他正要去佛罗里达州立大学工作。他看了看我女儿，然后对我说："你的女儿真漂亮，看上去也很聪明。"我回答说："她确实很活泼，希望她将来能和您一样，解决一个科学难题。"我女儿没有让我们失望，后来她在加州理工学院获得了生物学博士，目前在一家科技公司工作。但是，似乎到目前为止她还没有解决一个科学难题。

两年后，我去了东海岸的布朗大学，在那里遇到了利昂·库珀，我觉得还真是挺巧的。库珀和我有一个共同爱好，就是喜欢教书，他的物理学教科书在美国影响很大。你知道一部以科学家为主角的情景喜剧特别火吧，叫《生活大爆炸》，里面的主角谢尔顿·库珀，据说原型的一半是利昂·库

珀，另一半是哈佛大学著名物理学家谢尔顿·格拉肖。

巴丁、库珀和施里弗在 1957 年发现的超导理论很有名，后来被物理学界简称为 BCS 理论，这三个字母分别是他们姓的首字母。在我去美国做博士后之前，我就了解这个理论了，同时还听说了这个理论被发现的故事。那时，巴丁在伊利诺伊大学做教授，他刚刚因发明晶体管获得了 1956 年度的诺贝尔物理学奖。那时，作为研究生的施里弗找到巴丁，想跟着他做研究。巴丁说，你想安全一点，研究一个容易的问题拿到博士学位就毕业呢，还是可以先浪费几年时间？施里弗说，还是做难题吧，浪费一点时间就浪费一点。巴丁说，你瞧，超导现象已经发现几十年了，到现在我们也无法理解它，你就拿这个问题去试一试？施里弗就愉快地同意了。那时，跟着巴丁做研究的还有一位博士后，他是当时在普林斯顿高等研究院工作的杨振宁推荐来的，很熟悉杨振宁研究的那套东西，那套东西对研究超导也许有用，这人就是库珀。

最早的突破来自库珀。库珀发现了什么呢？他发现，低温导体中的电子之间存在着一种非常微弱的吸引力，尽管电子带同样的电荷，但它们之间的电荷被夹在中间的一些原子核的电荷给中和了，然后还剩一点吸引力。库珀证明，两个电子通过这点吸引力形成了一对"舞伴"，而且还是一个

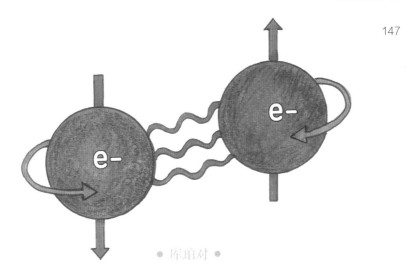

● 库珀对 ●

自旋为零的整体，也就是玻色子。这一对电子形成的粒子被物理学家称为库珀对。据说，这仍然是一个叫"凝聚态物理学"的领域里最美丽的理论。

库珀虽然第一个做出突破，但离发现超导理论还有一步，这最后一步是由施里弗完成的。虽然电子都形成库珀对，成为玻色子了，但它们是如何处于同一个量子态的呢？这个量子态又是什么呢？我们还要面对的问题是，库珀对在导体里运动，它们总会遇到导体里的原子核，在这些原子核的影响下，它们是如何处于同一个量子态的？

1957 年，施里弗去参加美国物理学会的会议，在地铁上他突然想到，如果固定库珀对的数目，就很难找到这个量子态。但如果假设库珀对本身不固定，也就是说，库珀对每时每刻都在形成和消失，就能写卜这个量子态了。施里弗在列车里将这个量子态写了下来，但不确定到底正不正确。回到学校，他通过这个量子态将不同超导的温度推导了出来，然后和实验结果进行比较，结果推导的温度和实验结果完全一致，他肯定这就是他们一直在寻找的超导量子态。巴丁、库珀和施里弗在 1972 年因发现正确的超导理论获得了当年的诺贝尔物理学奖。

施里弗接下来的人生很有意思。我们前面说过了，他有一阵子在加州大学圣塔芭芭拉分校任教，其实他在那里和另一位诺奖获得者沃尔特·科恩一起创办了著名的理论物理研究所，并担任了第二任所长，后来他去了佛罗里达州立大学，创办了美国国家高磁场实验室，并担任第一位首席科学家。不过，他的人生并非只有物理学，他还喜欢开跑车。他买跑车的钱来自他的妻子，因为他妻子的家庭很富有。有一年，他在加州买了一辆跑车，在醉酒的状态下出了一起事故，被迫在加州坐了两年牢。

　　现在我们可以回到这一讲开头提到的迈斯纳效应了，不过我们需要说一下，这个可以用液氮做实验的超导陶瓷叫"高温超导陶瓷"，其实它的温度也不高，只是比水银成为超导体的温度要高多了。至今，物理学家还没有找到可以解释"高温超导"的理论，因为看上去，BCS 理论不怎么适用于这些陶瓷。不过，大家一致认为，这些材料在低温的情况下一定有一些带电粒子处于同一个量子态。当超导体的带电粒子处于同一个量子态时，将它放在一块磁铁上面，磁铁的磁场很容易带动这些粒子动起来，但即使动起来，它们也还是处于同一个量子态，然后形成一些电流环路。磁铁的磁场越强，这些电流也就越强，正好抵消了磁铁的磁场（否则它们还会跑得更快，从而使得电流更强）。但是，大家知道，处于磁场中的电流会受到垂直于电流的力，正是这个力托起了超导陶瓷。

　　尽管过去二十年物理学家在高温超导领域获得了很多发现，但利用迈斯纳效应来实现任何既实用又魔幻的应用却很困难，因为这些已经被发现的超导陶瓷造价并不便宜，要保持它们处于超导状态又需要很低的温度。我们还需要继续努力，找到类似电影《阿凡达》里面的那些在日常温度下就能悬浮的超导体才行。

　　既然谈到了《阿凡达》，我们不妨从这里开始，将眼光放到更加广大

● 《阿凡达》中的悬浮山石 ●

的空间，也就是宇宙太空。在《给孩子讲宇宙》中，我给大家讲了目前宇宙中的各种能量，里面包括组成太阳系和其他恒星以及行星、分子云的普通物质，也有黑洞以及暗物质，甚至暗能量。下面我们来讲讲暗物质。

到底什么是暗物质？科学家认为，在像银河系这样的星系中，质量最大的既不是来自恒星，也不是来自星际物质，而是暗物质。暗物质的总质量应该是普通物质的好几倍，它们除了存在于星系中，还存在于几十个星系形成的星系团中。那么，为什么这些物质叫暗物质呢？很简单，因为它们不会发光。既然它们不会发光，那科学家是怎么发现它们的呢？科学家是通过星系中的恒星运动发现它们的，因为暗物质不可能没有万有引力，"万有引力"中的"万有"就说明任何物质都必须有引力。正是大量暗物质的存在，使得恒星的分布范围变得比较大。

● 暗物质的存在，使得普通物质能形成上面的结构 ●

我们还可以继续问，暗物质不发光但有万有引力，那到底什么是暗物质？也就是说，它们到底长啥样啊？下面我们直接引用《给孩子讲宇宙》第三讲中延伸阅读的第 11 条和第 12 条："早在 20 世纪 30 年代，美国天文学家茨维基就觉得星系中存在暗物质。现在，暗物质的存在被主流天文学家接受。大家一致认为暗物质不会是黑洞和温度很低的天体。如果暗物质不是黑洞和温度很低的天体，那它到底是什么？多数人认为是一些新粒子，和我们的物质世界中的粒子不怎么发生作用。中国科学家在锦屏山的隧道中进行了探测暗物质的实验，其结果和目前为止国际上其他类似的实验一样，并没有探测到暗物质粒子。"

● 中国锦屏地下暗物质探测器 ●

暗物质粒子除了不发光,其他行为很像普通粒子,它们会在空间中运动,也会有万有引力,偶尔可能互相碰撞一下,甚至偶尔会和普通物质碰撞一下。科学家在山洞中甚至到太空探测暗物质,利用的就是一点点暗物质和我们的仪器碰撞的机会。很遗憾,尽管很多科学家一起努力了几十年,到现在还没有看到暗物质碰撞他们的探测仪器哪怕一下。

最近,因为暗物质探测实验长期没有探测到暗物质粒子,部分物理学家有点不耐烦了,开始寻找其他出路。也许暗物质粒子很轻,它们碰撞到普通物质时很难被我们发现呢?这当然是非常有可能的!可是,如果暗物质粒子很轻,它们的运动速度就会很高,高到它们形成的万有引力无法解释我们前面提到的恒星在空间中的分布范围,那怎么办?确实有这个两难问题。如果我们假设暗物质粒子很重,那为什么我们至今探测不到它们?如果我们假设暗物质粒子很轻,这又和天文学观测相矛盾。

有意思的是,一些物理学家翻出了过去被很多人忽略的几篇论文。在这些论文中,一些"少数派"物理学家说,暗物质粒子很轻但可以处于超流状态。如果这些粒子处于超流状态,那么,它们运动起来就会成群结队地运动,毕竟它们需要同时处于一个量子态之中。如果它们成群结队地运动,它们也就不轻了,这样就完美地解释了它们为什么能够给恒星提供足够的万有引力。

这种很轻同时不直接发光的粒子，在 20 世纪 70 年代就已经被科学家预言了，它们被称为轴子，确实很轻很轻，大约是电子质量的一万亿分之一。其实，轴子和超流液氦中的氦原子非常像，除了轴子比氦原子轻很多这个事实。很轻的质量可以保证它们很容易处于同一个量子态（激光中的光子同时处于一个量子态的一个重要原因就是光子根本没有质量）。那么，科学家为什么管这些粒子叫轴子呢？这里有一个简单的原因，就是科学家从来没有发现物质和反物质除电荷不同外有任何其他不同的表现，例如，一个电子和它的反物质粒子，也就是正电子的质量完全相同。科学家说，如果引入轴子，就可以解释这个现象。"轴子"中的"轴"是指天秤中间那个轴，用来平衡，将物质和反物质的性质平衡一下。这个古怪的名字是诺贝尔奖获得者弗兰克·维尔切克提出来的，他也是最早支持轴子可能就是暗物质粒子的物理学家。

轴子在宇宙中是怎么产生的呢？我在《给孩子讲宇宙》中讲到了宇宙大爆炸，但我们没有仔细讲宇宙大爆炸最早发生时是什么样子的。宇宙大爆炸发生的时候，不论是物质粒子还是光子，都处于很热很热的气体当中。这一气体产生的时候，轴子也产生了。但是，轴子和气体几乎不发生作用，这样，科学家发现的大爆炸宇宙图像几乎不用修改。只是，轴子的存在会导致更多的万有引力，使得宇宙在很早的时候就慢慢产生了恒星、星系等等。

我自己非常相信暗物质就是轴子，因为这种粒子的存在可以同时解决三个问题：第一个就是为什么物质粒子和反物质粒子很像，第二个是暗物质的存在，第三个呢，就是为什么宇宙中自然存在的都是物质而不是反物质。为什么轴子能够解释第三个问题呢？因为尽管轴子能够调节物质和反物质之间的不同，但一旦它们在宇宙中出现，就会引起物质和反物质之间一点点的不同，就是这么一点不同，使得宇宙中自然存在的只有物质而没有反物质。我们常常说，一件事有一利就有一弊，轴子也不例外，否则，反物质就可以自然存在了，没准有一天我们会去开采反物质来制造推力最大的反物质火箭。

不过，维尔切克对何时能够探测到轴子却不是很乐观，他觉得我们要花三十年时间才能够探测到轴子，这主要还是因为轴子和组成我们探测仪器的普通物质不怎么发生作用。也许我们会比维尔切克预言的更加幸运，毕竟轴子进入科学家目光焦点的时间还不长，一个存在的东西肯定还会有其他我们还没有注意到的特点，一旦科学家发现了这些新特点，它们就会被利用起来。

延伸阅读

1. 每一个粒子都有自旋，也就是说，每一个粒子都像一个永恒转动的小陀螺。一个光子的自旋是 1，一个电子的自旋是 1/2，当然，这里用的单位是自旋的量子，这个量子就等于普朗克常数。

2. 有没有自旋为 0 的粒子？当然有了，普通氦原子的自旋就是 0。但氦原子不是基本粒子，它是由一个氦原子核和两个电子构成的。有没有自旋为 0 的基本粒子？有，这就是著名的上帝粒子，可惜上帝粒子的寿命非常短，短到科学家只能在粒子加速器里看到它们。除了上帝粒子，另一个自旋为 0 的粒子可能就是轴子了，科学家还在紧张地寻找它。

3. 有些原子的自旋为整数，例如氢、氦、氮，但有些原子的自旋是半整数，例如氦 3。因此氦 3 是费米子，遵守泡利不相容原理，很难形成超流体。只有当将氦 3 的温度降到很低很低，使得氦 3 先形成自旋为整数的分子时，氦 3 才会进入超流态。

4. 最近几年经常被大家注意到的一个词语是纠缠，或者叫量子纠缠。这里我们不去仔细解释什么是量子纠缠，简单地说，就是很多粒子处于一个整体的量子态，每一个粒子都是这个整体的一部分。比如，一对光子可以处于整体自旋为 0 的纠缠态中。

5 处于整体自旋为 0 的纠缠态中的两个光子，每一个光子的自旋都是 1，只是它们的自旋相反，所以整体自旋就是 0 了。将一个光子留在地球上，将另一个送到远方，比如说火星。然后我们做实验，比如测量留在地球上的光子的自旋，如果它是向上的，我们立刻就知道处于火星的那个光子自旋向下。如果我们测量到地球上的光子的自旋是向下的，那么处于火星上的那个光子的自旋就向上。我们瞬间就能知道远方粒子的性质就是纠缠不可思议的特点。

6 量子纠缠可以被用来做量子通信，原理稍微有点复杂，这里就不展开讲了。尽管量子纠缠实验都是瞬间的，但量子纠缠不能拿来做瞬间或者超光速的通讯。

7 量子纠缠还能被用来做量子计算机，量子计算机的大致原理我们在上一讲中讲过了，这里就不重复了。只是要说一下，要制造出量子计算机，我们还需要做很多很多努力。这本书的修订再版距第一次出版已经五年了，量子计算机看上去还和那时一样遥遥无期。

⑧ 尽管我们已经理解了所谓"低温超导"，例如水银在 4.2 开尔文以下会成为超导体，但很多"高温超导体"是如何变成超导体的，仍然是一个难题。很多著名物理学家都尝试过去理解"高温超导"，无一例外都失败了。因此，他们都转向研究所谓的拓扑量子态。

⑨ 拓扑量子态这几年是一个叫作"凝聚态物理学"的领域的热门问题。其实拓扑量子态有一个特点很类似纠缠态，也类似超流态，就是很多粒子处于一个整体状态中。正因为它们处于一个整体状态中，它们就容易保持这个状态。这个特点也许可以被用于制造量子计算机。

⑩ 暗物质是天文学家和物理学家通力合作研究的一个重要课题。过去几十年，物理学家提出了很多可能的暗物质，例如燃烧完的恒星、黑洞、很重的不发光的粒子。前两种已经被天文学家排除了，很重的不发光的粒子是物理学家探测的对象，目前虽然还没有被

排除，但可能性在变小。

⑪ 轴子是目前大家最感兴趣的可能的暗物质，并且，由于轴子可以同时解释几个问题，它的可能性也最大。由于轴子处于超流状态中，物理学家有可能通过不寻常的探测手段来发现它。

⑫ 一种探测轴子的可能的方法是让光子通过很强的磁场，这样光子可以转化成轴子，再让如此这般生成的轴子通过另一个磁场变回光子。

⑬ 另一种探测轴子的可能的方法是观测银河系中心那个巨大的黑洞发出的光。银河系中心的那个黑洞质量有400万个太阳那么大，周围很可能存在很多暗物质。光通过这些暗物质会改变偏振，科学家有可能通过研究这些偏振来发现暗物质。

⑭ 回到量子纠缠。我们说过，纠缠的瞬时性最神奇。最近，有一些物理学家提出，也许每两个粒子之间都存在一个微观的虫洞，正是这些虫洞让粒子两两纠缠起来，因此无论它们相距多遥远，虫洞都可以瞬时连接它们。

⑮ 既然量子纠缠可能与虫洞有关，而虫洞是一种时间和空间的形态，那么，时间和空间本身是不是和纠缠有关？有的科学家认为真的

有关。但我们需要很多很多纠缠才能形成宏观的时空，所以时空才会像爱因斯坦的理论所说的那样很难被改变。

⑯ 我在《给孩子讲宇宙》中提到了我自己提出的全息暗能量理论。这个理论的一个核心思想是全息性。

⑰ 全息性或者时空的全息原理是什么呢？这个原理说，我们的宇宙其实可以通过一个全息屏来描述。大家知道，宇宙的空间是三维的，但这个描述整个宇宙的巨大全息屏在空间上是二维的。宇宙中发生的每一个现象，必须通过全息屏上很多很多的粒子来描述。也就是说，全息也是一个神奇的集体行为。

⑱ 那么，全息暗能量是什么呢？在全息屏上存在一个和全息屏大小有关的能量，全息屏越大，这个能量密度就越小。现在，我甚至觉得这种能量可以和某种超流联系起来，甚至和轴子联系起来。这是需要进一步探索的课题。

⑲ 量子纠缠、时间和空间、暗物质和暗能量，很可能都是同一种集体行为的不同表现。而轴子暗物质最有可能成为研究这种集体行为的窗口。

⑳ 最后，黑洞含有大量的信息，一个黑洞所含有的巨大的熵是我们

还没有谈过的话题。黑洞的理论研究也有可能是上一条谈到的集

体行为理论研究的窗口。

实验一 光的干涉

实验仪器：

一块上面有两条   一个手电筒
平行的缝的木板

实验步骤：

1 把木板拿进一个封闭的小房间，
并在桌面上固定好。

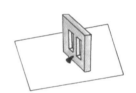

2 打开手电筒，让它发出的光对准
木板上的两条缝。

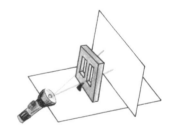

3 关掉房间里的灯，就可以在木板
后面的墙壁上看到很多干涉条
纹。具体效果如右：

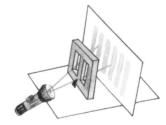

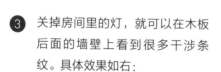

实验二 激光打气球 1

实验仪器：

一个白色的大气球　一个黑色的小气球　　一个频率、功率
可调的激光器

实验步骤：

1 把黑气球套在白气球里面，一起
吹大，然后把它们扎好，固定在
桌面上。

2 把激光器的频率和功率调到合适
的数值，然后用它发出激光来打
这两个气球。可以看到，里面的
黑气球会爆掉，而外面的白气球
还完好无损。

实验三 **激光打气球 2**

实验仪器：

100 个黑色的气球　　　　一个功率为 0.5 瓦的激光器

实验步骤：

① 把 100 个黑气球吹大，扎好，然后排成一排。

······

② 打开激光器，用它发出激光来打这些气球。
可以看到，这些黑气球会依次爆掉。

······

实验四 测量普朗克常数

实验仪器：

红色的发光二极管　3V 的电池组　开关　滑动变阻器

电压表　导线若干

实验步骤：

1. 按照下面的电路图，把电路连好。其中 S1 代表开关，R1 代表滑动变阻器，L1 代表发光二极管，最左边的图案代表电池组，最右边的图案代表电压表。

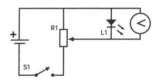

2. 闭合开关 S1，并调节滑动变阻器 R1，使电压表的读数为零。

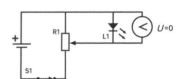

3. 把电路搬进一间黑屋子里。缓慢地调节滑动变阻器，使电压表上的读数逐渐增加；当发光二极管刚开始发光的时候，记下电压表读数。

   普朗克常数 h 可以通过以下公式计算

   $$h = \frac{e\lambda U}{c}$$

   其中 $e = 1.6 \times 10^{-19} C$ ，$\lambda = 6.4 \times 10^{-7} m$ ，$c = 3 \times 10^8 m/s$ ，而 U 是你测出的电压的值。

后记

　　中国人喜欢说人生识字忧患始，当然，这里的忧患可以用"糊涂"或者"好奇"替换。我们每个人在人生的某个时刻都可能对某样东西产生突如其来的好奇心。我的好奇心应该是由文学开始，更具体地说是由小说开始的。

　　我羡慕现在的孩子，他们在小学时代就开始关注我们生存其中的这个世界的来龙去脉了。而我的小学时代，除了金鱼就是鸽子。到了初中时代，我开始了文学探险，也无非是唐诗宋词，加上一点当时比较稀缺的小说。恢复高考的时候，我在读高一，数学和物理的基础等于零，就跟现在的孩子初入小学，数学和物理的基础等于零一样。突然来了高考，我翻出妈妈学生时代的旧箱子里的教科书，解释物体运动的牛顿定律和解释飞机飞行的伯努利定律就像阳光一样，照亮了之前对我来说完全未知的世界。

如果不好奇，不去追问，对一个完全懵懂无知的人来说，世界的面目或者说万事万物本来就是那样，何必去追问和理解？而一旦心智的大门被打开，这个人就会一发不可收。我就是这样，上了北京大学的天体物理专业还不够，还要去中国科学技术大学读研究生，进而出国。

在发表了数十篇物理学论文之后我回国了，开始做科普，这才慢慢发现，将自己研究的东西讲给别人听是一件多么愉快的事。开始的时候，我还脱离不了自己的专业背景，喜欢用专业名词讲专业的事，于是就有了《超弦史话》。在做科普的同时，我大多数时间还是在做研究。《一个全息暗能量模型》就是我的作品，当然，是以英文形式发表的。有了这篇论文以及后续论文，我在本领域就算立住脚了。三年前来到中山大学组建新的学院，我开始向科学管理转型，同时给大学生讲一门课，叫作"人与宇宙的物理学"。这门课是用讲故事的方式将日常的、眼前发生的和在遥远地方发生的不可思议的事情讲给大学生。这门课在中大很有名，以至于我一直讲了三年，学生还继续要我讲。同时，我出版了《〈三体〉中的物理学》。这本书去年年底到今年年初得了十几个奖项，入围了 2015 年度中国好书，也入围了吴大猷奖。

与博雅小学堂的合作是一件让人惊喜的事，在《给孩子讲量子力学》中，我才发现用讲故事的方式讲物理学，不仅可以讲给大学生听，也可以讲给 9 到 12 岁的小学生听。一个微信群可能有点太小了，因为所有人，从孩子到家长在四节课结束的时候都意犹未尽。我想，像物体为何不会坍缩，花为什么是红的，计算机是怎么工作的，所有这些貌似必须用量子力学解释的高深问题，既然可以讲成孩子能理解的故事，就不该局限于只让 500 个孩子知道，而是应该让更多的孩子和家长知道。于是，我就有了出书的想法。

现在，我被大家称为科学界的网红，成为网红本身不是目的，成为网红实现知识共享才是目的。现在正是知识共享的好时代，将知识变成任何人都听得懂的故事和看得懂的书，正是我当下追求的，我希望这本书做到了。

本书得到王爽的精心校阅和很多建议，说再多的感谢也不为过，希望未来"给孩子的物理学"系列的作者中会出现他的名字。

李淼
2016 年 9 月于珠海

图片声明

图书在版编目（CIP）数据

给孩子讲量子力学 / 李淼著 . — 增订版 . — 长沙：
湖南科学技术出版社，2022.8
ISBN 978-7-5710-1664-7

Ⅰ. ① 给… Ⅱ. ① 李… Ⅲ. ① 量子力学—少儿读物Ⅳ
. ① O413.1-49

中国版本图书馆 CIP 数据核字（2022）第 123624 号

上架建议：畅销·科普

GEI HAIZI JIANG LIANGZI LIXUE
给孩子讲量子力学

著　者：李　淼
出 版 人：潘晓山
责任编辑：刘　竞
监　　制：吴文娟
策划编辑：董　卉
特约编辑：吕晓如
营销编辑：闵　婕　傅　丽
内文插画：南方插画工作室
装帧设计：潘雪琴
出　　版：湖南科学技术出版社
　　　　　（湖南省长沙市芙蓉中路 416 号　邮编：410008）
网　　址：http://www.hnstp.com
印　　刷：天津市豪迈印务有限公司
经　　销：新华书店
开　　本：710mm × 880mm　1/16
字　　数：107 千字
印　　张：11
版　　次：2022 年 8 月第 1 版
印　　次：2022 年 8 月第 1 次印刷
书　　号：ISBN 978-7-5710-1664-7
定　　价：49.00 元

若有质量问题，请致电质量监督电话：010-59096394
团购电话：010-59320018